种茶制茶一本通

一本通 制茶 种茶

王镇恒 詹罗九 编著

U0395215

中国农业出版社

内 容 提 要

　　《种茶制茶一本通》是王镇恒、詹罗九两位茶学泰斗编著的一本简明扼要的茶叶科技读物。本书分为上篇（茶树栽培和茶树品种）、下篇（茶叶制造和茶叶检验），主要介绍了茶树的特性、茶园的建立、茶树的繁殖、茶树品种资源、茶叶制造及茶叶检验等方面内容。本书在编写时，力求普及茶学基本知识，语言通俗易懂，文字简明扼要，注重实际操作，逻辑缜密、严谨，知识点丰富，是一本较为实用的茶叶科技普及性著作。可供茶产业的初中级专业人员阅读，也可作为有关人员的培训教材。

自序

　　茶树原产中国，中国是世界上最早发现和利用茶树的国家，至今已有5 000多年的历史。世界各国的茶树都是直接或间接由中国传播的。

　　中国云贵高原是茶树原产中心。人工栽培茶树有3 000多年的历史，茶叶已成为世界人民普遍爱好的饮料。中国最先是利用野生茶树的叶子食用，后作为药料，经过漫长岁月，茶叶逐渐形成为世界人民普遍爱好的饮料。在古代的史籍中记载了不少饮茶的好处，饮茶有益思、少卧、利尿、轻身、明目、止渴、消食、防病治病的功能。近代生物科学和医学研究证明：茶叶不但有药理作用，而且又有营养价值，对于增强人们身体健康有一定作用。据分析，茶叶中的化合物有500多种，其中最主要而有药理作用的成分是是多酚类物质，在嫩芽叶中含量较多，它能增强微血管壁弹性，调节血管的渗透性，降低血压，杀菌消炎；其次是咖啡碱，在嫩芽叶中含量也较多，它是一种血管扩张剂，能促进发汗，具有强心、利尿和解毒作用，并能醒脑提神，消除肌肉疲劳。据现代医学研究证实，茶多酚可缓解锶 90 等核素的辐射伤害，并具有抗癌和抗衰老的功能。茶叶中含有丰富的营养物质，如可溶性蛋白质、维生素 C（含在绿茶中）、维生素 B_1、维生素 B_2 等，具有营养保健的功效。与人体健康有关的矿物质，如钾、镁、锰、钼、锌、铝、钠、钙、氟等成分，在茶叶中也有一定含量，可以补充人体对这些物质的需要。此外，茶花、茶籽、茶树根也可进行综合利用。

我国劳动人民经过长期的生产实践，在茶树栽培、茶树品种、茶叶制造、茶叶检验等方面，积累了十分丰富的经验。为了普及茶学基本知识，我们编著这本《种茶制茶一本通》，供茶产业的初中级专业人员阅读，也可作为有关培训班的教材。

王镇恒

2018 年 3 月 17 日

目录

自序

上 篇

茶树栽培和茶树品种

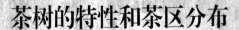

第一章
茶树的特性和茶区分布

茶树为山茶科（Theaceae）山茶属（*Camellia* 或 *Thea*）的一种常绿植物，学名为 *Camellia sinensis*（L.）O. Kuntze，多年生的灌木、小乔木或乔木。现存大茶树有高达 20～30 米，一般栽培的约 1 米左右。栽培型的主根深 50～100 厘米，侧根和细根多分布在土壤表层 5～50 厘米，分枝旺盛，幼苗时单轴分枝，成长后为合轴分枝，全年能多次发芽。

第一节　茶树一生

茶树寿命很长。短的几十年，长的百余年，自然生长的茶树寿命可达数百年，甚至千年以上。根据茶树特性，一生全过程有四个时期：

1. 幼苗期　从茶籽萌发、出土到第一次生长休止为幼苗期。栽培管理上要保持土壤有一定含水量。

2. 幼年期　从第一次生长休止到正式投产为幼年期。约为 3～4 年。在管理措施上抓好定型修剪，促进侧枝生长，培养浓密的分枝树型。注意各种自然灾害对茶树的影响。

3. 成年期　从正式投产到第一次更新改造为成年期。约20～30 年。其产量和品质均处于高峰阶段，这是新陈代谢上升、生活力最旺盛的时期。在培育管理上要加强，如施肥、修剪、采摘、防灾等，以便能为人们提供量多质优的制茶原料。

4. 衰老期 由成年期渡过衰老期而至死亡是相当长的。在栽培条件下，由于栽培技术的影响、环境条件的变化，衰老的持续时间相差大。技术措施不宜，环境条件不好，茶树不能正常生育，易趋向衰老。衰老的茶树从根颈部抽出新枝条，进行"自我更新"或"返老还童"，人们通过台刈更新技术，可使茶树复壮返青，提高生活力。

第二节　茶树生育特性

茶树由根、茎、叶、花、果实和种子所组成。根系称为地下部；茎、叶、花、果等称为地上部，组成树冠。地上部与地下部的关系极为密切，"根深叶茂、本固枝荣"，正说明两者的生长关系。

1. 根系 茶树根系对地上部起到支持和固定的作用，更重要的是从土壤中吸收水分和养分。由胚根形成的主根，在向下伸长过程中，发生侧根，侧根分生许多细根，细根上又生长着无数的白色根毛，根的吸收作用是依靠细根和根毛来实现的。在土壤条件良好时，根系可伸长达 2～3 米，一般约 1 米，细根和根毛大部分分布在空气流通较好的土壤表层，以 20～30 厘米处分布最多。用扦插繁殖的茶树根系，主根不明显，从一两个侧根向下伸展，代替主根的作用，其根系分布在表土层居多。

根系在一年中的生育活动，因栽培管理技术、地区、品种、气候和土壤等因子的不同而有变化。根系生长与地上部生长互相消长、互相交替进行。当地上部生长旺盛时期，根系生长较缓慢；而当地上部生长趋向休止时期，根系生长较旺盛。春季土壤温度上升达 10℃左右时，根系迅速生长，一般在 3 月，根系生长出现高峰，随后地上部发芽，新梢伸长，而根系生长便转入低潮；当5～6月新梢生长缓慢时，根系再次出现生育高峰。这种生长交替关系，是由于茶树营养物质的制造和贮藏互相转运，以达到生长平衡的关系。一般茶园施肥时间在根系生长活跃开始时进行，能取得理想的效果。

2. 新梢　茶树枝条的顶端有一个顶芽，在叶腋间有腋芽，腋芽也称侧芽。此外在皮层内还有潜伏芽。这些芽都有可能萌发成新梢。能萌发形成新梢的芽称为营养芽。当气温和水分条件适宜时，茶芽开始分化，先是鳞片开展，继而鱼叶开展，真叶开展，最后形成一个顶芽和三四片嫩叶的新梢。根据制茶对原料的要求，有的只待一芽一叶初开展，有的待顶芽形成驻芽时进行采摘。如不采剪，经过短期休止，新的枝梢便继续生长，每年一般可重复生长 2～4 次。如经采摘，腋芽可萌发形成新梢，以供采摘，在合理采摘条件下，每年新梢形成可达4～5轮，而热带茶区有达 7～8 轮的。茶树在越冬期间经过较长时间的休止后，当入春气温适宜时，顶芽和腋芽萌发形成新梢。

3. 叶片　新梢上生长的叶片因品种、环境、树龄等不同，其形状有近似圆形、椭圆形、卵形、长椭圆形、披针形等。叶面有平坦、隆起之分。茶叶主脉明显，侧脉纵沿主脉分出，伸长到叶缘三分之二处向上方弯曲，呈弧形与上方的侧脉联合。主脉与侧脉又分出细脉，联合成网状，这是辨别茶叶的重要特征。侧脉对数多的为 10～15 对，少的 5～7 对。叶质有薄而软、厚而脆之分，叶缘有锯齿，一般 20～30 对。叶尖形状有圆头形、渐尖形、凹头形等。

4. 树型　茶树树冠形状，由于分枝角度大小不同，分直立、披张、半披张三种。地上部因品种不同，其分枝性状也有差异。乔木型茶树有明显主干，植株高大；小乔木型茶树也有明显主干，但分枝部位离地面较近，植株中等；灌木型茶树无明显主干，分枝大部分从根颈处分出。

5. 花果 茶树的花为两性花，由新梢基部叶腋处的花芽发育而成。茶花由雌蕊、雄蕊、花药、花柄、花萼组成，雄蕊一般有200～300枚，茶树是异花授粉的。开花虽多，能结实的仅达2％～4％。一般种子播种后2～3年开始开花结实，在6—7月花芽开始分化，形成花蕾，继而开花、授粉、结实。从花芽到开花约需100～110天，授粉受精后子房开始发育，如遇低温便进入休止期，到第二年再继续生长发育，秋季果实可成熟。从花芽形成到果实成熟，约需一年半时间。一方面当年花芽分化，开花授粉，另一方面又是上年果实生育成熟的过程，这种花果共有是茶树特性之一。

第三节　茶树立地条件

茶树在长期的系统发育过程中，对生育的环境条件有一定要求。

1. 喜酸嫌钙 茶树要求土壤有一定的酸度，pH以4～6.5为宜。土壤中的氧化钙不得超过0.5％，以0.05％以下为适合。茶树是嫌钙植物，在碱性土或石灰性土壤中，茶树生长不良或不能生长。

2. 喜温怕寒 茶树要求生活在年温12.5℃以上的地域，营养芽萌动的起点温度为10℃。20～30℃为茶树适宜生长温度。14～20℃条件下，新梢生长较缓慢，而持嫩性好，茶叶品质也好。茶树生存最低温度，大叶种为－6℃，中小叶种为－14～－16℃。茶树的最高极端温度，老叶为45℃，嫩叶在30～35℃时即受伤害。

3. 喜湿恶渍 茶树要求年降水量在1 000毫米以上，生长期月降水量100毫米以上为好，低于50毫米时易受损而造成减产，芽叶老化，降低品质。因此，一要有足够降水量，在茶树生长期内，要降水均匀。大气湿度要高，以 80%～90% 为宜。土壤田间持水量在 70%～90%，地下水位在 80 厘米以下，要求自然走水，所以茶树一般多种在山坡地。

4. 喜肥耐瘦　茶树要求生活在土层深厚肥沃的土壤上，土层深度 1 米左右，质地松软，以砂质壤土为好。但种在瘠薄土壤上，也有一定忍耐力，唯产量低，品质也次。

茶树是中性偏阴植物，具有较强的耐阴性，尤其是大叶种茶树，耐阴性更强。

第四节　茶树栽培化学

茶树体内的化学变化，除了受茶树特性的控制，还要受环境条件和栽培技术措施的影响。选种适宜的茶树良种，采取科学的栽培措施，使茶树和环境协调一致，以实现增产提质高效的栽培目的。

1. 茶树品种与化学成分　优良的茶树品种，不仅可大幅度提高产量，而且能显著提高茶叶品质。不同的良种，由于肥培管理水平的差别，其增产提质效果是不同的。已列入国家品种的 124 个（截至 2012 年 12 月 31 日）茶树良种，其鲜叶的化学成分中氨基酸、茶多酚、儿茶素总量、咖啡碱有差异。一般地，凡是适制绿茶的品种，氨基酸含量较高，茶多酚与氨基酸之比值偏低；适制红茶的品种，茶多酚或儿茶素总量的含量较高，茶多酚与氨基酸之比值偏高。

2. 茶树特性与化学成分　乔木型的茶树含丰富的茶多酚，灌木型茶树含茶多酚较乔木型低，而氨基酸含量较高。早芽种形成和积累的含氮化合物较多，其中氨基酸、咖啡碱的含量较高，而茶多酚含量则往往不如迟芽种的高。

3. 栽培环境与化学成分

（1）茶树生长在含腐殖质较多的砂质壤土，其鲜叶中含氨基酸较高，生长在黏质黄壤的，鲜叶中含茶多酚较高。

（2）海拔高度的变化对鲜叶中化学成分的影响是，茶多酚和儿茶素含量随海拔升高而减少，氨基酸含量随海拔升高而增加。凡是生产名优绿茶的高山茶园，一般气候温和、降水充沛、云雾多、湿度大，茶园附近森林茂密，生态条件优越，茶树生长有利于含氮化合物和某些芳香物质的合成和积累，氨基酸、蛋白质等含量较高，苦涩味较重的茶多酚含量较低。

（3）气温季节性变化，茶多酚在 4—5 月鲜叶中含量较低，7—8 月最高；氨基酸在 4 月鲜叶中含量最高，8 月最低。就绿茶产区而言，往往春茶品质最好，秋茶次之，夏茶最差。而红茶有时夏秋茶的品质并不差，甚至超过春茶。

4. 栽培措施与化学成分

（1）茶树修剪后，碳水化合物积累多，含氮化合物积累少，使全株的碳氮比减少。

（2）施肥会引起茶叶内化学成分的变化。施氮肥对增加氨基酸含量有益，施磷肥可提高茶多酚的含量。氮、磷、钾三者配合施肥的，茶多酚和氨基酸的含量都能兼顾。多施有机肥可提高水浸出物的含量。

（3）采摘标准为一芽二三叶的鲜叶，所含茶多酚、氨基酸、儿茶素等成分均较高。养老采摘的，产量虽较高，但内含成分减少，品质下降。一般地，茶树幼嫩芽叶中茶多酚含量高，随新梢的成熟老化，茶多酚或儿茶素含量递减。含氮化合物（主要包括氨基酸、蛋白质、咖啡碱）在幼嫩芽叶中含量较高，随着新梢的成熟老化，也出现递减。茶鲜叶中的贮藏物质（主要是单糖、双糖、淀粉、纤维素、半纤维素和木质素）在新梢生育过程中由少到多逐渐积累，随叶片老化，含量增加。

第五节　茶区分布

我国是世界上最古老的茶叶生产国，也是世界茶园面积最大的国家。现东起东经 122°的台湾东岸，西至东经 94°的西藏自治区米林，南自北纬 18°的海南省榆林，北达北纬 38°的山东省蓬莱。目前全国产茶省（自治区、直辖市）有江苏、浙江、安徽、福建、江西、山东、河南、湖北、湖南、广东、广西、海南、重庆、四川、贵州、云南、西藏、陕西、甘肃、台湾共 20 个，产茶县（市）900 多个。现将全国产茶省（自治区、直辖市）及其主要产茶县（市）列表（表 1-1）。

表 1-1　全国茶区分布及主要产茶县（市）

省别	茶区名称	主要产茶县（市）
江苏	太湖、宜溧、镇宁扬、云台山	宜兴、溧阳、金坛、句容、无锡、溧水、高淳、苏州
浙江	浙北、浙中、浙南、浙东	嵊州、绍兴、淳安、临安、杭州、萧山、桐庐、建德、安吉、新昌、平阳、泰顺、临海、开化、江山、上虞、天台、余姚、东阳、武义、浦江
安徽	黄山、大别山、江南丘陵、江淮丘陵	歙县、休宁、祁门、黄山、徽州、潜山、青阳、宁国、泾县、东至、贵池、金寨、六安、霍山、舒城、岳西、石台、宣州、黟县、广德、郎溪
福建	闽南、闽北、闽西、闽东南	安溪、福安、福鼎、建瓯、建阳、宁德、寿宁、永春、平和、邵武、武夷、罗沅、屏南、霞浦、古田、仙游、南安、诏安
江西	赣南、赣中、赣西北、赣东北	景德镇、婺源、修水、上饶、武宁、信丰、遂川
山东	东南沿海、鲁中南、胶东半岛	日照、莒南、莒县、蒙阴

（续）

省别	茶区名称	主要产茶县（市）
河南	豫南、豫西南	信阳、新县、南阳、光山、罗山、商城、固始
湖北	鄂西南、鄂东南、鄂东北、鄂西北、鄂中北	蒲圻、咸宁、崇阳、通城、通山、鹤峰、恩施、宜昌、五峰、红安、英山、浠水、麻城、宜都
湖南	湘北、湘东、湘中、湘南、湘西	临湘、安化、桃江、汉寿、涟源、益阳、宁乡、双峰、平江、浏阳、湘阴、新化、洞口、邵东、湘乡、茶陵、桃源、醴陵、武冈、岳阳、常德
广东	粤东、粤西、粤北、粤中	英德、高鹤、清远、乐昌、保亭、广宇、怀集、韶关、饶平、潮安、普宁、和平
广西	桂南、桂北、苍梧	灵山、柳州、龙州、横县、苍梧、百色、容县、北流、玉林、钦州、上林
海南		琼中、通什、安定
重庆		云阳、巫溪、武隆、涪陵、綦江、长寿、江津、永川、忠县、城口
四川	川东南、川西、川东北、高原	南川、雅安、开县、筠连、珙县、北川、万县、梁平、高县、宜宾、峨嵋、名山、荥经、巴县、永昌、叙永、仁寿、峨边、灌县、邛崃、平武、雷波、洪雅
贵州	黔中、黔东、黔北、黔南、黔西	黔西、湄潭、贵阳、黄平、都匀、晴隆、道真、遵义
云南	滇西、滇南、滇中、滇东北、滇西北	凤庆、勐海、景东、景谷、保山、腾冲、龙陵、临沧、云县、镇康、思茅、昌宁、景洪、沧源、潞西、江城、澜沧、普文、双江、耿马
西藏		林芝、察隅
陕西	巴山、米仓山、汉中、紫阳	紫阳、安康、岚皋、南郑
甘肃	陇南、陇东南	文县、武都、康县
台湾	北部、桃竹苗、中南部、东部、高山	南投、台北、新竹、嘉义、桃园、苗栗、台东、宜兰

我国茶区广阔，自然条件相差大，按经济、社会、自然条件，可分为四大茶区：

1. 华南茶区　包括福建和广东中南部、广西和云南南部、海南和台湾。南部为热带季风气候，北部为南亚热带季风气候。闽、粤中南、桂南部、海南、滇南和台湾等地，终年高温，长夏无冬。整个茶区高温多雨，水热资源丰富。年均温在20℃以上，最冷月平均气温除个别地点，均在12℃以上；大部分地区极端低温不低于−3℃，最热月平均气温在27～29℃。年活动积温达6 500℃以上，无霜期300～350天。全年降水量1 500毫米，台湾超过2 000毫米。全年降水分布不匀，70％～90％的降水量在4—9月，11月至翌年1月往往干旱。土壤大多为砖红壤、赤红壤，其次是黄壤。土层较深厚，富有机质，酸度较强。茶树资源丰富，多栽培乔木或半乔木大叶种和灌木中叶种。生产的茶类有红茶、乌龙茶、普洱茶及绿茶等。

2. 西南茶区　包括贵州、四川、重庆、云南中北部和西藏东南部。由于地势高，地形复杂，区内气候差别大，具立体气候特征，年平均气温为15～19℃，年降水量为1 000～1 700毫米。土壤有铁质砖红壤、丘陵红壤、山地红壤、棕壤等。有机质丰富，肥力较高。本区为茶树原产地，发展茶叶生产的条件优越。生产的茶类有红茶、绿茶、普洱茶等。

3. 江南茶区　包括广东和广西北部、福建中北部、安徽、江苏和湖北省南部、湖南、江西、浙江。江南茶区是我国茶叶生产的最集中产区。基本上属中亚热带季风气候，南部为南亚热带季风气候。气候特点是春温、夏热、秋爽、冬寒，四季分明；年平均气温16～18℃，全年无霜期230～280天。冬季高山区茶树有冻害。年降水量为1 100～1 600毫米，春季降水最多，部分地区会发生伏旱或秋旱。土壤以红壤、黄壤为主，黄棕壤、黄褐土、紫色土、山地棕壤次之。茶树品种以灌木中小叶种为主，小乔木中叶种和大叶种也有分布。生产茶类有绿茶、红茶、乌龙茶、白茶、黄茶等。

4. 江北茶区　包括甘肃、陕西和河南南部、湖北、安徽和江苏北部、山东东南部。地处亚热带北缘，年平均气温为 14～16℃，冬季温度低，茶树时有冻害发生。年降水量 700～1 100毫米，夏秋常出现夹秋旱。土壤有黄褐土、黄棕壤和山地棕壤等。土质黏重，肥力不高，有的酸度不足。茶树品种多为灌木中小叶种，抗寒性较强，生产茶类以绿茶为主。

截至 2012 年，世界共有 61 个国家（地区）产茶，地理分布上，北从北纬 49°乌克兰外喀尔巴阡，南至南纬 33°的南非纳塔尔。茶树生长已遍及五大洲，其中以亚洲分布最广，其次为非洲、美洲、大洋洲和欧洲。如亚洲的中国、印度、斯里兰卡、印度尼西亚、日本、土耳其、越南；非洲的肯尼亚、马拉维等产茶较多。

第二章
茶 园 的 建 立

现有茶园中的专业茶园，由于投入大量的劳力、肥料等辅助能量，产量一般较高，能获得较好的经济效益。但有的茶园因无树木遮阴和防护，夏季烈日曝晒，冬天寒风侵袭，自然灾害频繁；有的因水土流失严重，土层浅薄；有的大量施用化肥、农药、除草剂、生长激素等，使土壤、水体、空气受污染，环境质量降低，导致茶树生长不良，茶叶质量下降。

为了提供适销对路的茶叶商品，必须建设好茶叶生产基地，生产无公害茶、有机茶，在新建茶园时就要建成生态茶园。

第一节　园地选择与规划

茶树是多年生作物，要选择生态环境好、土壤未受污染，自然条件适合种茶的园地。

茶园土壤要求土层深厚，有效土层 60 厘米以上，排水和透气性能良好，生物活性较强，耕层有机质含量 1% 以上，土壤酸度在 4.0～6.5。如建无公害茶园，其土壤质量应符合《无公害食品种植业产地环境条件》（NY/T 5020—2016）。

茶园周围有一定水源，可作灌溉之用。如建无公害茶园，灌溉用水要求不受污染。水质中污染物的浓度限值为：农药残留不得检出；氰化物≤0.5 毫克/升；砷≤0.1 毫克/升；汞≤0.001

毫克/升；镉≤0.01 毫克/升；铬≤0.1 毫克/升；铅≤0.1 毫克/升；粪大肠菌群≤40 000 个/升；pH5.5～8.5。

茶园生产基地周边的自然植被丰富，远离工厂和城镇。如建无公害茶园，则应与常规农业区之间，有 50～100 米宽度隔离带，以山、湖泊、自然植被等为天然屏障，也可用人工果林为隔离带。

规划的内容包括：根据地形地貌，因地制宜设置场部（茶厂）、茶园区（块）、道路、排灌系统，以及防护林带、绿化区、养殖业和多种经营用地等。

划分茶园区块，要便于生产管理和园内各项主要设施的布置。一个区（工区）为一个综合经营单位，以自然分界线作为划分依据。块的划分，随地势而定，作为农田基本建设的主要内容之一，便于机具车辆行驶，适于水利设施，亦宜于生产责任承包。

道路网要与沟渠设置、茶行安排统一规划。规模大的茶场，设干道、支道、步道（园道）以及机械操作调头用的地头道。

排灌系统应包括保水、供水和排水用的渠道、主沟、支沟、隔离沟和贮水池等。

为改善小气候、减轻灾害，在适当地段规划设置防护林带，道路、渠沟旁边种植树木，园内可选种遮阴树。

第二节　园地开垦

开垦要重视水土保持，了解坡地降雨时水流的方向，以便于开垦前先在山顶和茶园四周开好隔离沟。山坡地原有树木，按规划尽量予以保留，作为防护林或行道树。

开垦时，对于 15°以下的缓坡地，先清除地面杂草、乱石等，然后进行两次垦复。初垦深度要求 50 厘米以上，翻埋杂草，对茅草、蕨类、金刚刺等宿根性杂草的根茎必须彻底清除。复垦深度 30 厘米左右，平整地面。条件许可的，初垦、复垦实行机械化作业，以降低开垦成本。开垦后如不立即种茶，应种绿肥，促进土壤熟化，提高肥力。

坡度在 $15°$～$25°$ 的丘陵山地，进行等高开垦，修建等高水平梯级茶园，以利保持水土。修筑梯级的方法，按等高线，由下而上逐层修筑，以充分利用表土。梯壁材料以草皮、石块等均可。梯面稍向内侧倾斜或保持水平，内开排水沟。梯面宽度控制在 1.5～1.6 米或 2.5～3 米，每级种茶 1～2 行。梯梯接路，沟沟相通。

注意在茶园附近选地修建积肥坑（池），以便平时将杂草、畜粪、秸秆、绿肥等堆积腐熟成为有机肥供茶园施用。

第三节　品种选用与搭配

在一定地区的气候和地理条件下，能够适制某种茶类而获得良好品质，有较强抵抗自然灾害的能力，并在同一栽培管理水平下而获得高产的茶树，可称为良种。在我国现有国家级茶树品种中无性系 107 个，有性繁殖的 17 个，还有一批省级品种，各品种均有各自的优点和风格。在新建茶园时，可根据各品种的适制性、适应性加以选用，并以发芽早迟不同的品种搭配种植。目前适制绿茶的品种有福鼎大白茶、福鼎大毫茶、龙井 43、龙井长叶、迎霜、黄山种、安徽 7 号、上梅州种、白毫早、碧云、紫阳种等；适制红茶的品种有云南大叶种、政和大白茶、英红 1 号、福云 6 号、祁门种、蜀永 1 号、湄潭苔茶等；适制乌龙茶的品种有铁观音、黄棪、毛蟹、福建水仙、本山、凤凰水仙等。此外，还有一些适制黄茶、白茶、黑茶的品种可供选用。

发展无性系茶树良种，可提高采茶效率，有利茶园机械化管理，加速名优茶生产发展，提高茶叶品质与经济效益。

选用茶树品种应注意：一是选种的品种能适应当地的土壤和

气候特点，并适制当地的名优茶类；二是面积较大的茶场，应注意各类品种特性（如芽叶性状、发芽早迟等）的搭配，保持多样性；三是种子和苗木的质量，应符合《茶树种苗》（GB 11767—2003）中对无性系大叶品种、中小叶品种 1 足龄茶苗质量合格指标的规定，即：苗高：大叶种≥25 厘米、中小叶种≥20 厘米；茎粗：大叶种≥2.5 毫米、中小叶种≥2 毫米；侧根数：大叶种≥2 条、中小叶种≥2 条。

第四节　种植密度

在茶树种植前根据选用的品种、管理水平而确定种植规格与密度。一般有单条栽、双条栽、多条栽等。单条栽为常规种植方式；双条栽为中小叶种的推广方式；多条栽的成园快、产量高，但管理水平要求高。中国茶区种植密度不尽相同，在华南茶区，大叶种单条栽行株距为 150～160 厘米×45～50 厘米，每公顷1.5 万株以下；江南、江北和西南部分茶区，中小叶种的行株距，单条栽的为 150 厘米×33 厘米，每丛茶苗 3 株，每公顷约6 万株；双条栽的为 150 厘米×33 厘米×33 厘米，每公顷约12 万株；有的部分茶区采用多行（3～4 行）苗圃式种植，每公顷约 18 万～30 万株。

第五节　种植与初期管理

在种植前全面平整土地，按规定的行株距开挖种植沟、施足底肥，随后播下经浸种催芽的茶籽，每穴 3～5 粒，覆土3～4 厘米。秋播春播均可，春播不迟于 3 月底。利用茶籽建茶园，混杂程度高，目前生产上已很少应用。一般是以扦插育苗或茶籽育苗的方法。用茶苗移栽的种植密度规格与茶籽直播相同。如茶苗过大，可将苗木过长主根稍加剪除，保留细根，以利成活。移植时期一般以晚秋或初春为好。苗木移栽后应立即浇一次水。

一二年生的茶苗，既怕干，又怕晒，在管理上要抓住除草保苗、浅耕保水、适时追肥、遮阴、间苗、补苗等措施，以达到全苗壮苗，为以后茶叶高产优质奠定基础。

幼年茶园行间宽广，应提倡多种绿肥。

第三章
茶树繁殖

茶树繁殖方法分有性繁殖与无性繁殖两种。有性繁殖是通过两性细胞的结合，利用种子进行播种育苗，其特点是：具有复杂的遗传性，适应环境能力强，有利于引种驯化和提供丰富的选种材料；茶苗的主根发达，入土深、抗性强，繁殖数量多，方法简便；苗期管理方便、省工，种苗成本低；茶籽便于贮藏和运输，有利于推广。其缺点有：植株间经济性状混杂，生长差异大，生育期不一，不便管理；鲜叶原料嫩度不一，大小欠匀，不利于加工和名优茶开发；有些结实率低的茶树品种，难以用种子繁殖。无性繁殖是通过母体某一部分营养体育成新个体，具有母体的遗传性，其特点是：能保持良种的特征特性，后代性状比较一致，采摘功效高；采制名优茶品质高，效益好；有利于茶园管理，便于机械操作。其缺点有：技术条件要求较高，所费劳力多，成本也较高；容易引起母株病虫害的传播；大量取穗，对母树的茶叶产量有一定影响。

第一节　茶树苗圃设置

1. 苗圃地的选择　地势平坦，酸性土壤，结构良好的壤土为好，土层厚度 30 厘米左右。附近有水源可供灌溉。茶苗忌积水，地下水位最好在 80 厘米以下。扦插苗畦一般要求铺用的生红壤或黄壤心土作扦插土的生土资源要准备好。事先了解病虫发生情况，以备防治。

2. 苗圃地的整理

（1）苗圃的规模。苗圃面积的大小，主要根据茶场或村、个人每年扩大新茶园和换种茶园的计划面积（G）、种植密度（D）以及每亩*苗圃的产苗数（Y）等数据，然后得出苗圃面积（a），其计算公式为：

$$a = \frac{GD}{Y}$$

由于茶苗的培育周期为 1～2 年，长期育苗的苗圃必须实行轮作，苗圃规模应较实际育苗面积大一倍，便于土地轮作。

（2）土地整理。苗圃地需进行两次翻耕。实生苗的根系较深，第一次深度为 40 厘米；扦插苗的根系较浅，30 厘米即可。第二次作苗床时耕约 15～20 厘米。水稻田需提前 1 个月开沟排水后再深翻。按苗圃规模的大小、地形、道路、排灌系统来确定苗床的排列布置，苗床宜东西向，减少阳光从侧面射入。尽可能与道路垂直，便于管理。苗床宽 100～130 厘米，长度不宜超过 4～5 米，以便于管理。床畦高度取决于地势和土质条件，一般高 10～20 厘米。用作短穗扦插育苗的畦比种子育苗要低 5 厘米，以备铺盖心土。畦间留沟道，底宽 40 厘米。苗畦初步形成后，随土壤肥力高低，酌情施入基肥，以加快茶苗生长，施基肥的苗圃，需待半个月后才能扦插，免受肥害。

作为短穗扦插育苗的，苗床整好后，在畦面上铺 pH 4.5～5.5 的心土 5～6 厘米，铺后稍加压实，以利插穗成活。苗床搭棚遮阴，以避免日光强烈照射，降低畦面风速，减少水分蒸发。

---

* 亩为非法定计量单位，15 亩＝1 公顷。下同。——编者注

第二节 茶树采种与育苗

我国目前很少设有专用的留种茶园，一般都在采叶园中采种。为了满足生产需要，利用现有采叶茶园，通过去杂、去劣、提纯、复壮等改造措施，建立采叶采种兼用留种园。

1. 采种茶园的选择与管理

（1）对采种园的选择。考虑兼用留种园的需要，选择时一要选择优良品种的茶园；二要选择茶树生长势旺盛，茶丛分布较为均匀，没有严重病虫害的茶园；三要选择坡度小，土层深厚肥沃，向阳或能挡寒风、旱风吹袭的茶园。选定后的兼用留种园，将混杂异种、劣种茶树采用修剪、重采，抑制花芽发育，推迟花期，避开对良种授粉的机会。

（2）采种茶园的管理。主要目的是为了获得高产、优质的茶籽，在管理上首先要解决好采叶与留种的矛盾，通过采养结合，以达到茶叶、茶籽均能获得较好产量。茶树花芽在 6—7 月开始出现在当年生新梢，而且花芽和叶芽长在同一枝条上。为此，春茶留叶采，夏茶不采，可以保花、保果和提高茶籽质量，而且茶叶、茶籽均能获得较高产量。其次，要适当增施磷钾肥，促使开花多、结果盛，防止落花落果，且种籽饱满。一般认为氮、磷、钾比例为 1：1：1 较适宜。再次，要注意防治病虫害，抗旱、防冻。在留种园中放养蜜蜂，可提高授粉率，增加结实率。

2. 茶籽采收和贮运 茶籽在茶树上经一年左右的生长发育才能成熟。成熟的茶籽果皮呈绿褐色或黄色。有 80% 茶果呈绿褐色及 5% 的果壳开裂时，即可进行第一次采收，一般可采 2～3 次。采收时间约在霜降（10 月中下旬）前后。采收后，按不同品种堆放，薄摊在通风处，果壳失水裂开，剥取茶籽，以 10 厘米厚度放在阴凉干燥的地方，切忌日晒。到种子含水量降至

30％左右时即可贮藏。

茶籽贮藏前，去果壳杂物、蛀霉粒并经 12 毫米孔筛过筛，筛下的为不合格茶籽，另作处理。贮藏茶籽方法可因贮藏时间长短、贮藏数量分别采用室内沙藏法、室外沟藏法。保持温度在 5～7℃，相对湿度 60％～65％，并注意通风，使之调节温湿度和茶籽生理活动的需要。

茶籽调运到外地，可用麻袋、竹篓包装。途中防雨淋、日晒及受压损坏。快运快到，不宜久搁。

3. 茶籽品质检验 茶籽品质优劣关系到幼苗出土及生长强弱。茶籽在收购、调运和播种前应进行品质检验。优良的茶籽品质，需具备：①茶籽发芽率不低于 75％；②夹杂物不高于 2％；③种子含水量为 22％～28％；④种子直径不小于 12 毫米，每 500 克 500～600 粒；⑤种子已达成熟度，无虫蛀、霉变、空壳、破壳等现象。

4. 种子育苗 在秋冬播种，选用合格茶籽，一般不进行特别处理，即行播种。春播的则在播种前进行茶籽处理：将茶籽浸入清水中，每天换水一次并搅拌 3～4 次，经 2～4 天，除去浮在水面的空瘪粒或虫蛀粒。取下沉的种子为播种用。经浸水选种的，可提早出苗 10 天左右，提高发芽率 10％以上。此外，也有用温室催芽法、微量元素或生长刺激素等催芽法。

茶籽播种期从秋季 11 月起至翌年 3 月均可播种。秋冬播比春播提早 10～20 天出土。具体的播种时间应根据各地气候情况而定。播种时深度为 3～5 厘米，秋冬播比春播稍深，砂土比黏土稍深。在生产上一般采用穴播，穴的行距 15～20 厘米，穴距 10 厘米左右。每穴播茶籽 3～5 粒。

茶籽播种后到 5—6 月开始出土，7 月齐苗。凡经精心培育的茶苗，当年秋冬苗高可达 25 厘米以上。幼苗的苗圃管理主要措施：一是及时中耕除草。在茶苗出土前，逢雨后土壤板结或杂草生长，应及时耕锄，每年约4～8次。二是多次追肥。茶籽萌动到茶苗出土前，所需养料取自子叶中贮藏的营养物质，出土后至第一次生长休止时需开始追肥。在施过基肥的苗圃加施追肥，可促茶苗生长。在7—9月追肥3～5次。以腐熟后的畜肥液或稀薄人粪尿兑水5～10倍施用，每公顷施稀肥液15～25吨。三是遮阴和灌溉。在高温久旱季节，采取沟灌、喷灌，并辅之苗床上、茶苗间以覆盖措施，有条件的可采遮阴法，减少土壤水分蒸发或烈日伤苗。四是注意防治病虫害。为害茶苗较多的是蛴螬、蝼蛄、大蟋蟀等地下害虫和根结线虫病。前者伤害茶苗根茎部，造成幼苗死亡；后者是一种毁灭性苗期病害，要采取相应措施予以防治。

第三节　茶树扦插

扦插是无性繁殖方法之一，在我国已有200多年历史。福建安溪茶农的短穗扦插已在生产上得到广泛应用。它的优越性在于：插穗短，材料省，繁殖系数高；一定面积内育苗数量多，土地利用经济，茶树修剪枝可利用，还可"以苗养穗"，取材方便；繁殖季节长，我国大部茶园，一年四季均可进行；扦插后发根或苗快，移栽易活，生长旺盛，可提前成园。

1. 扦插发根原理　任何植物的插穗都有在上端形成枝叶和下端形成根的能力。这与体内生长素、激动素的定向移动和积累有关，生长素在茎上端芽叶中形成，而激动素主要合成部位在根尖。茶树扦插是利用茶树的再生机能和极性现象，将离开母体的枝条扦插来培育苗木的。

2. 影响扦插发根的主要因素

（1）扦插本身的因素。首先是茶树品种不同，其枝条再生能力也不同。如福鼎大白茶、毛蟹、乌龙、槠叶齐等发根快，成活率高。铁观音、云南大叶种等则发根能力弱，成活率低。其次是扦插枝条的老嫩、粗细、长短、插穗留叶量的不同而影响发根。一般认为以半木质化的绿色硬化枝半硬化枝的插穗发根率高。同一枝不同部位以中部插穗的根系生长较好。凡是棕褐色至黄绿色半硬化的1年生枝条的各个部位作为插穗，均能获得好的扦插效果。在老嫩适宜的同样条件的枝条，枝条粗的比细的，枝条短的比长的，在发根数，根长度、成活率上均有优越性。这是因为插穗粗的所含营养物质较多，有利发根；短的插穗，下端入土浅，通气条件好，对发根与成活均有利。至于插穗留叶量，经多方面实践证明，以带一叶一芽的短穗为最方便、最有效的。

（2）外界环境条件因素。首先，插穗发根需要一定的温度，温度对插穗的呼吸作用、蒸腾作用、酶的活性和分生组织细胞分裂能力等均有密切的影响。扦插发根最适宜气温是20～30℃，温度偏高，地上部生育良好，但根系发育不良。据生产实践证明：秋插的一般先发根后长芽叶，这时地温比气温高；春插的常先发芽叶后发根，这时气温高于地温。一般插穗发根以地温20～35℃为宜。其次，水分成为插穗发根和成活的关键。水分的补充，从苗床土壤供给，以土壤含水量60%～70%为宜，含水量过高，造成空气缺乏，插穗呼吸困难，影响发根和根的生育。同时为了使插穗上叶片通过角质膨胀吸收水分，要求苗床周围的空气湿度愈大愈好，使叶片易吸水，减少叶面蒸腾失水，降低苗床蒸发，保持土壤湿度，使插穗细胞吸胀作用大，细胞分裂快，促进生长。第三，为了插穗的芽、叶在光的作用下进行光合作用，形成生长素和营养物质，遮光度以50%～70%为宜。光照过强，易使叶片大量失水而枯萎；光照过弱，光合作用难以进行，插穗不能发根而会死去。此外，土壤水分、空气、酸碱度、营养元素及微生物等综合因素对扦插效果也会产生影响。

3. 短穗扦插的时间与技术

（1）扦插时间。茶树全年都可进行短穗扦插繁殖。由于各地气候、土壤、茶树品种特性的差异，扦插效果是不同的。

春插。利用上年秋梢或春剪枝条作为插穗，江南茶区在3—4月进行，华南茶区在2—3月，江北茶区常在4月开始。春插优点是春季降水多的茶区，管理上既省工又方便，苗圃利用周转较快。但有的地区成活率不高，矮苗、瘦苗的比例大。春插一般在当年出圃，苗期相对较短。

夏插。利用当年春梢或夏梢作插穗，一般在6月中旬至8月上旬进行。夏插优点是发根快，成活率高，幼苗生长苗壮，为各地茶区所普遍采用。扦插在苗圃培育一般需要一年半左右时间，管理周期较长，苗木生产成本略高。

秋插。利用夏梢或秋梢作为插穗，一般在8月中旬至10月上旬进行。当时气温渐下降，地温仍稳定在15～20℃，而且秋季叶片光合能力强，扦插后插穗的腋芽很快转入休止，这对促进插穗的愈合和发根都有利。秋插的成活率与夏插接近。茶苗比夏插的稍小而较均匀一致。由于苗木管理周期比夏插缩短很多，成本则较低。

冬插。利用秋梢或夏秋梢作插穗，在10月中旬至12月间扦插。一般是在气温较高的茶区应用。由于冬春季管理要求较高，故少采用。

总之，要因地制宜地选用扦插期。夏插较普遍；秋插的苗木成本低又可采收春茶，故渐被生产上重视。

（2）扦插技术。

插穗的选择与剪穗的方法。以新梢大部分已半木质化，呈红色或黄绿色的，为剪取插穗的枝条。清晨空气湿度大，枝叶含水量多，易于保持新鲜状态。剪下的枝条要放在阴凉潮湿处，及时处理。最好当天剪穗，当天扦插。如不能当天扦插或异地剪取枝条，就需贮藏与运输。

剪穗的标准是3～4厘米长的短茎，带有一片成熟叶片和一个饱满的腋芽。通常一个节间可剪取一个短穗。剪口须光滑，稍有倾斜度为宜，平剪也可（图 3 - 1）。

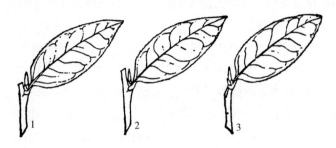

图 3 - 1　插穗的剪法

1. 符合标准的短穗　2. 上端小桩过长　3. 上端过短，下端剪口相反

扦插密度。行距 7～10 厘米，株距依茶树叶片密度而定，以叶片互不遮叠为宜，中小叶种一般株距 2～3 厘米，每公顷可插 220 万～300 万株。春插、秋插可适当密些，夏插的要稀些。

扦插方法。扦插前 4～5 小时，先将苗床充分洒水，待土壤呈"湿而不黏"的松软状态时扦插为宜。扦插时，按株距要求将插穗直插或稍斜插入土中，露出叶柄，避免叶片贴土，叶片朝向视扦插当季的风向而定，必须顺风。边插边稍压实土壤，使插穗与土壤密接。插后立即充分浇水，要浇到插穗基部所达土层已潮湿，随即盖上遮阴物。

4. 扦插苗的培育管理措施　扦插后必须加强管理，这是提高成苗率、促进苗木生长、培养壮苗的关键。

（1）控制湿度。插穗发根前，要特别注意保持土壤及空气湿润。一般晴天早晚各浇水一次，阴天一天一次，雨天不浇，大雨久雨要及时排水。浇水以浇到插穗基部土壤湿润为度。生根后，改一天浇一次。天气过干旱时，每月沟灌 2～3 次，灌到畦高的 3/4 处，经 3～4 小时排干。

（2）适度遮阴。插穗发根初期，遮光度控制在 60%～70%，晴天全日覆盖。发根后，根据覆盖物的不同采用逐步减少覆盖度或早盖晚揭等方法，渐次增加透光度或增加光照时间。苗根发育健全，地上部和地下部已良好生育的，在适当时候予以拆除遮阴。

（3）看苗追肥。根据品种、幼苗生长情况、扦插期及土壤肥力给苗木施用追肥。一般在发根后开始追肥。秋插及冬插的至翌年4月间开始追肥，以后每隔20～30天施一次。追肥用肥液，先淡后浓，初期以经腐熟的稀薄人粪尿或畜肥液加水5～10倍施用，以后逐渐增加浓度。追肥后，喷浇清水洗苗，以防因肥液灼伤幼苗。

（4）及时防治病虫害。扦插期病虫害发生较少，随苗体增大和受光量增加，病虫渐有发生的，必须予以及时防治。

（5）保苗越冬。当年冬季未出圃的茶苗，在较寒冷茶区及高山苗圃要注意防寒保苗。可采用冬前摘心，促进新梢成熟，增强茶苗抗寒能力，或用塑料薄膜加遮阳网双层覆盖以及行间盖草、设风障等。

此外，做好苗圃中耕除草、及时摘除插穗花蕾等措施，均有利茶苗良好生长。

第四节　茶树压条

茶树压条繁殖是无性繁殖方法之一，起源于福建水吉，至今已有200多年的历史。其方法是将茶树枝条的一部分埋入土中，使其生根、发芽后，才与母体分离，成为一个独立生活的新植株。其优点是压条的水分养料均由母体供给，如管理得好，成活率可达100％；可保持母株固有优良特性；操作技术容易，不需专用的苗圃地。缺点是不能用于大量繁殖且影响当年茶叶产量。

1. 影响压条发根的因素　首先，与品种有关，如福建水仙、梅占、乌龙等品种发根易，桃仁则较难发根；台湾大叶乌龙、黄柑易发根，青心乌龙、硬枝红心难发根。其次，必须把枝条基部扭伤，使同化作用产物输送积累于枝条损伤处，可促使快速发根。第三，被压条的枝条顶梢要露出土面，使叶片能进行正常光合作用。

2. 压条的时期与方法　压条在我国茶区全年都能进行。一般春茶后，当年新梢已成熟，气候温暖，压条生根迅速（图3-2）。

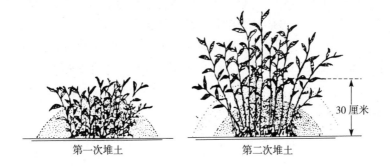

第一次堆土　　　　　　第二次堆土

图3-2　堆土压条

压条方法很多，主要有轮状压条、伞状压条、堆土压条和弧形压条。其操作方法大同小异，均利用当年新梢为压条材料。

第五节　茶苗出圃与装运

实生苗在当年秋季生长停止后或翌年春季茶芽萌动前可以出圃。扦插苗出圃的标准，因气候、品种、当地情况不同而有一定差异。综合各地的经验，茶苗出圃的最低标准是：①苗木高度不低于20厘米；②直径不小于0.3厘米；③根系发根正常；④叶片完全成熟，主茎大部木质化；⑤无病虫危害。

我国茶籽育苗1年左右达到出圃标准。不同季节扦插的茶苗，1～1.5年内达到出圃标准。凡达到出圃标准的茶苗，一般于当年秋季或翌年春、秋季出圃。起苗时如土壤干燥，可早一天进行灌溉。起苗要多带土、少伤细根。最好选在阴天或早晚起苗。起苗后，按茶苗生长好坏分级。有病虫害的苗及时拣除。

　　出圃后的茶苗如外运途中需两天以上的必须包装，每 100 株茶苗捆成一束，用泥浆蘸根后，以稻草包扎根部，上部约一半外露。起运前喷水湿根。远途运输过程中，茶苗挤压不得太紧，注意通气，避免脱叶，防日晒风吹。茶苗运到目的地，应立即及时移栽。因故不能及时移栽的，需将茶苗假植。

　　茶苗假植选择避风背阳的地段，掘沟深 25～30 厘米，一侧的沟壁倾斜度要大，将茶苗斜放沟中，然后用土填沟踏实。覆土的深度以占茶苗全株的一半或盖至根茎部以上 4～5 厘米。茶苗排放的密度，一般以 5～6 株茶苗为一小束为宜。

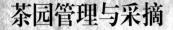

第四章
茶园管理与采摘

茶园管理包括茶树地上部的树冠培养，地下部的土壤管理以及营养管理、病虫草的控制。而茶叶采摘既是生产的收获过程，也是增产提质的树冠培养管理措施。

第一节　树冠培养

理想茶树树冠的要求是通过对茶树树冠的培养，使之能够得到人们所希望的优质芽叶，其树冠达到适宜高度和幅度，便于采摘，以提高工效。培养树冠要从幼年茶树开始，它与合理密植、肥水管理、剪采技术以及病虫草防治、抗旱防冻等措施有密切关系，而重点在于推行茶树修剪制度。

茶树修剪包括幼年期的定型修剪，成年期的轻修剪，衰老期的重修剪和台刈。其中以定型修剪最为重要，它是各种修剪的基础。

1. 定型修剪　奠定茶树树冠结构，塑造树型，称为定型修剪。在长江中下游茶区中小叶种的茶树，一般要通过三次定型修剪后才能逐步达到理想的树冠目标。如气候条件优越，如华南等茶区大叶种茶树，经两次定型修剪后，辅以打顶采摘，促使理想树冠的形成。

第一次定型修剪，一般灌木型中小叶种茶树，凡2足龄时树高 30 厘米以上，离地面 5 厘米处的主茎粗达 0.3 厘米以上，并有 1～2 个分枝的茶树，可进行第一次定型修剪，树高不到 30 厘米的一般不宜修剪。有些 1 足龄已高达 30 厘米的，也可开剪。一般中小叶种的第一次定型修剪高度，离地 12～15 厘米处，用整枝剪剪去主茎 12～15 厘米以上枝条，留下侧枝。修剪时间以 2 月中旬至 3 月初为好。修剪后立即施肥，当年切勿采摘（见图 4-1）。

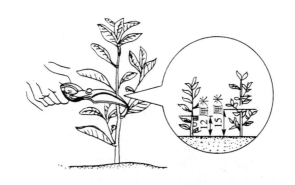

图 4-1　幼龄茶树第一次定型修剪

第二次定型修剪，在 1 年后茶苗高达 55 厘米以上时则可进行，高度在第一次定型修剪的剪口上提高 20～25 厘米，即离地 30～40 厘米处进行水平剪，包括主枝、侧枝均予剪去。剪后立即施肥。时间为 2 月中下旬至 3 月初。当年仍勿采摘茶叶，待秋后可适当打顶采，采去部分芽头，促使秋梢老化，有利越冬（图 4-2）。

茶树经两次定型修剪后，已有一定树冠幅度，一般茶树可长到 80～100 厘米。第三次定型修剪在第二次剪口上提高 15 厘米，用篱笆剪剪去离地面 35～40 厘米以上所有枝条，剪成水平型即可，并剪去伸向行间的个别突出枝条。剪后立即施肥，春茶留养。对于茶园土壤肥力基础较好、茶树长势十分旺盛的，为提高经济效益，第三次定型修剪可采用早采茶迟修剪的方法，即在开春后先采几批名优茶，约 20 天以后再进行修剪，夏秋茶打顶留养。但早春采名优茶时切勿过度，采茶时间也不能过长（图 4 - 3）。

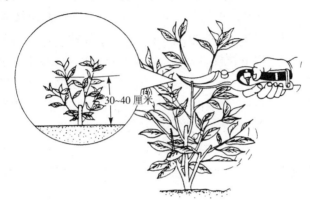

图 4 - 2　第二次定型修剪

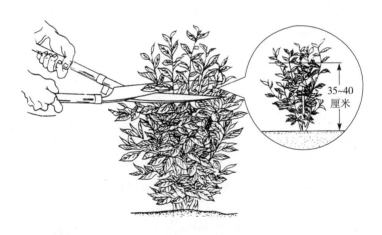

图 4 - 3　第三次定型修剪

茶树经过三次定型修剪后，树冠高度和幅度均已达到一定的采摘要求，茶树到 5 足龄时，可进入正常的采摘。

在我国南方茶区，由于气温高、降水充沛，生长期长，种植乔木或半乔木的大叶种茶树顶端优势明显。这些茶树可采用分段修剪定型，当茶苗生长到离地 5 厘米的主茎粗 4～5 毫米并有 7～8 片叶子，茎干呈木质化或半木质化，顶端停止生长时，可在离地 15 厘米处进行茶树第一次定型修剪。待新发的枝条长到 20～30 厘米，茎粗 3～4 毫米并有 2～3 个分枝时，开始逐步分段修剪，剪口以分枝杈口为起点，向上延长 8～12 厘米，进行主干低剪（向上延长 8～10 厘米，顶端优势特强的品种，只延长 7～8 厘米），侧枝高剪（向上延长 10～12 厘米），同一枝条 1 年可剪 2～3 次，形成 2～3 层分枝。经过 2 年的分段修剪，使茶树形成 4～6 层粗壮而匀密的骨架分枝，树冠高达 45～55 厘米，再经 1～2 次提高 5～10 厘米的水平修剪。茶树树冠的高幅度达到采摘要求，并投入生产。

对于江北低温茶区，如山东等地，因气温低，冻害严重，常采用降低树冠高度，把修剪时间提前到 9 月下旬进行，也是可取的，但必须做好越冬的防冻措施。

2. 轻修剪　茶树投入正式采摘时期，为了调整树冠生长势，整理采摘面的枝梢，减少细弱枝，促进多发侧枝，并控制树冠高幅度，使发芽齐一，便于采摘。每年或隔一两年对茶树进行轻修剪。用篱笆剪剪去树冠面上不整齐小枝细枝约 3～5 厘米。大叶种的可稍剪深些，中小叶种可稍剪浅些；投产不久的茶树可隔一两年修剪，投产已久的可每年修剪；南方乔木、半乔木型的茶树，宜每年进行轻修剪。轻修剪时间，在长江中下游茶区，以采制名优茶为主或名优茶与大宗茶兼顾的，宜在春茶后修剪；如以产大宗茶为主的，可在春茶前的 2 月底 3 月初修剪；只采春茶，不采夏秋茶的，可在秋后修剪，有利于翌年春茶早发。

茶树经过多年的采摘，树冠面上小枝生长出现过密过细又多结节，并出现回枯现象的"鸡爪枝"，它输送养分困难，生机衰退，发芽能力减弱，芽叶叶张变小、变薄，甚至对夹叶逐渐增加，产量与品质也逐渐下降。这时需进行一次较深的轻修剪（也有称深修剪），以剪去树冠上的鸡爪枝为原则，即剪低15～20厘米。一般在春茶后立即进行，夏茶留养，秋茶轻采，秋后打顶过冬，第二年茶叶的产量与品质均明显提高。这种较深的轻修剪视树冠和肥培管理情况，可4～6年进行一次。修剪下来的枝叶铺在行间，并立即加强肥培管理（图4-4）。

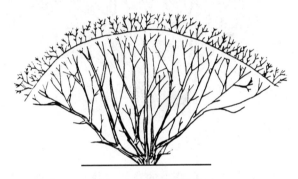

图4-4　茶树深修剪

3. 重修剪　当茶树经各种轻修剪及较深的深修剪，树冠上部枝条的育芽能力逐步降低，即使加强肥培管理，也难能得到良好效果，表现为发芽力不强，芽叶瘦小，对夹叶比例显著增多，开花结实量大，产量与芽叶质量明显下降，茶树根颈处不断有徒长枝发生。这时需进行重修剪。重修剪时需剪去树冠的1/3～2/3的枝条，即离地30～40厘米以上予以修剪。时间一般在春茶采摘后进行，剪口要平滑。并修剪枯死枝、徒长枝、病枝等，清除枯枝烂叶。剪后要及时深耕并施有机肥。当年抽采的新梢不采摘，留到秋后或翌年春茶前在重修剪的剪口上提高10厘米处剪去所有的枝条。春季和夏季待茶树新梢停止生长时打顶，秋后或翌年春茶前再在上年剪口上提高10厘米处修剪。经过两次修剪后，茶树高度一般可达 60～70 厘米，树幅恢复到 80～90 厘米时，便能正式投入采摘。开始时仍需注意留养结合，以防强采（图 4 - 5）。

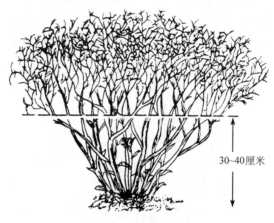

30~40厘米

图 4 - 5　茶树重修剪

4. 台刈　经过几次重修剪的茶树，将步入衰老状态，出现营养枝生长衰弱，多枯枝，叶稀芽少，花果多，病虫多，树冠出现明显的两层式。这时需采取台刈方法使树冠复壮。茶树台刈是在春茶前或春茶即将结束时，用台刈剪或柴刀，在离地面 10～15 厘米处剪（砍）掉地上部所有枝条，剪口要平整，桩头不能破碎，以防霉烂或坏死。清除树蔸里的烂叶枯枝。台刈后复壮时期的基肥、追肥用量要比常规用量增加，并在行间全面深耕，有利根系的更新复壮。台刈后从根颈部抽发的枝条，有的粗壮，有的细弱，这时要注意疏枝，留壮去细，在当年生长结束时，离地面 30～35 厘米处修剪，以后每年在上次剪口上提高 10 厘米处修剪。从第三年春茶开始，可适当留叶采芽，采高留低，到第四年正式投入采摘。这往往是决定台刈成败的关键措施（图 4 - 6）。

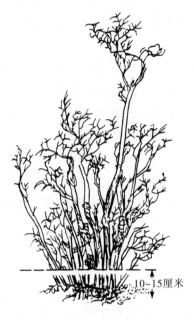

10~15厘米

图4-6　茶树台刈

第二节　土壤管理

在茶树生长的土壤里，提供必要的水分、营养，实现高产、优质、高效益，需要加强土壤管理，不断保持和提高土壤肥力，使茶树在不用或少用人工合成的化学物质条件下正常健康地生长。在无公害的茶园土壤管理方面，更需做好土壤覆盖，耕作松土，间作绿肥，行间饲养蚯蚓等。

1. 土壤覆盖　茶园进行土壤覆盖，可减缓地表径流速度，增加土壤蓄水量，防止地表水土流失，抑制杂草滋生，保持土质疏松。

覆盖茶园行间土壤的取材要因地制宜，可以使用麦秆、豆秸、绿肥、稻草、蔗渣、薯藤及野草等。如采用野草，应在未结实之前刈割，以免将野草种子带入茶园。新鲜的野草应先曝晒后使用。

铺草的厚度，以铺草后不露土为原则，最好是满园铺。如草源有限，可铺茶丛附近，或先满足土壤保水性差和茶树覆盖度小的茶园。一般幼龄茶园每公顷铺鲜草30～40吨，成龄茶园15～20吨。铺草厚度约为8～12厘米。

平地或梯式茶园可将铺草撒放在行间，稍加土块压镇。坡地茶园宜沿等高线横铺，成覆瓦状层层首尾搭盖，并注意用土块固定、压镇，以防风吹和雨水冲走。对刚移栽的幼龄茶园，铺草宜紧靠根际，还可起到护苗作用。

以保水防旱为主要目的茶园铺草宜在旱热季节到来之前进行。一般在高山茶区或高纬度茶区既有旱害也有防冻所需，最好全年进行，可减少中耕松土与除草。新垦地的移栽幼龄茶园，都宜在茶苗移栽结束后立即进行铺草。

2. 耕作松土 茶园在生产季节进行适当的耕作，可以保蓄水分、及时除草，疏松土层，增强通透性。但也会由于耕作伤及茶根和破坏土壤团粒结构。为此，需要根据不同土类、土壤性状、杂草繁生情况，选择适当的耕作方法及时间。

为了耕作少伤茶根或不伤茶根，一般以浅耕为主，破除表土板结，改善土壤通气状况及清除杂草。耕作时在茶行中间稍深，靠近茶根则稍浅。对于没有条件铺草的茶园，在春茶结束后进行一次浅耕，根据杂草生长与土质情况，夏、秋期间再进行一两次浅耕，使茶园表土疏松，通气良好。到全年茶季结束后，每年或隔年，结合施基肥进行一次深耕，深度20～25厘米。深耕采取茶行中间深，丛边浅。这时深耕，也会引起一定程度的伤根，由于茶树地上部分生长已将进入休眠期，不会影响当年茶叶产量。通过秋冬期间，茶根逐步得恢复或再生，对茶树生长影响不明显。但深耕的时间需在茶季结束后及早进行。长江中下游茶区以9月下旬至10月中下旬为宜。对于长期铺草、杂草很少、土壤较松软的茶园，浅耕次数可以大大减少；对于肥培管理条件好，茶树封行，耕作层土壤肥沃，有机质含量高，富于团粒结构的茶园，可以不必深耕。

我国还有些丛栽的旧式茶园，在伏天8—9月作25～30厘米深的深耕，一方面能把茶园中生长茂盛的杂草深埋作肥料；另一方面能把茶园下层的心土翻到表面经烈日曝晒和风化，使之熟化，提高肥力。这种耕作被称为"挖伏山"。对旧式茶园提高产量是个经验，应该重视，但不宜适用于条栽茶园。

3. 间作绿肥 幼龄茶园间作绿肥，可以一举数得。首先，可增加行间的覆盖，降低地表径流，增加雨水渗透，减少水土流失；其次，选用豆科绿肥有共生的固氮菌，可以固氮，增加土壤肥力，加速土壤熟化；第三，茶园间作绿肥能改善茶园生态条件；此外，也是一项自力更生解决茶园有机肥料的有效措施。

作为茶园种植前先锋作物的绿肥，在选择时尽量用耐瘠、抗旱、根深、生长快的豆科，如大叶猪屎草、决明豆、柽麻、羽扇豆、田菁等。1～2年幼龄茶园，可选用矮生或匍匐型豆科，如小绿豆、伏花生、矮生大豆等。2～3年幼龄茶园可选用早熟、速生的豆科，如黑毛豆、乌豇豆、泥豆等。华南茶区在夏季可选用秆高、叶疏、枝干伞状的豆科，如山毛豆、木豆等。江北茶区在冬季可选用毛苕子等。茶园坎边以选用多年生绿肥为主，长江中下游茶区宜种紫穗槐、知风草、霜落等，华南茶区宜种爬地木兰、无刺含羞草等，江北茶区宜种紫穗槐、草木犀等。

茶园间作绿肥，不仅要求绿肥高产优质，更重要的是不能妨碍茶树的生长发育，否则会出现"喧宾夺主"。为此，合理间作方面要注意做到：一是适时播种绿肥。凡茶园冬季绿肥，在长江中下游茶区于9月下旬至10月上旬播种为宜；春播夏季绿肥以

4月上中旬为宜。南北茶区因气温差异，可适当提早或推迟播种。二是合理密植，以尽量减少绿肥与茶树之间的矛盾。如在长江中下游茶区幼龄茶园1年生的茶园间作3行绿肥，2年生的茶园间作2行绿肥，3年生的茶园间作1行绿肥，4年生以后的茶园不再间作绿肥。由于绿肥品种不同，茶树长势各异，间作绿肥的行数及株距，也需因地、因园、因时而制宜。三是及时刈青。茶园间作的夏季绿肥中有的株体高大，后期生长迅速，吸收能力强，常在光照、水分、通风上妨碍茶树生长；也有的蔓生绿肥，藤蔓缠绕茶树影响其生长。这时，就需及时刈青割埋。豆科绿肥处于上花下荚时割埋最好。有的为了经济效益而采取采收部分豆荚后翻埋，但切忌完全老化而使绿肥失去应有肥分。

第三节　营养管理

1. 茶园施肥的原则　茶叶干物质中所含各种元素，以碳、氢、氧为多，它来自空气和水，而其他元素如氮、磷、钾、钙、镁、铝、铁和微量元素等都来自土壤。其中以氮、磷、钾三要素需要最多，常需通过施肥加以补给。肥料是茶树的食粮，是茶叶高产、优质、高效益的物质基础。作为多年生常绿作物的茶树，在个体发育的不同阶段和年生长周期中的不同时期，对养分的吸收是不同的，对各种营养元素的吸收也不相同。但总体而言，具有喜铵性、嫌钙性、好铝性及与菌根共生的特性。幼龄期生机旺盛，吸收养分能力强，营养生长占绝对优势，对氮、磷、钾的吸收比为$1:0.4:0.6$。成龄后营养生长相对稳定，生殖生长随之发生，吸收的养分除大部分用于茶叶采摘的消耗，另一部分消耗在花果的生长上，与幼龄期相比，这时吸收养分数量大为增多，尤其是对氮的需求量有明显的增加。当茶树趋向衰老时，其营养生长逐渐减弱而生殖生长增强，花果大量增加，吸收养分能力下降，需肥减少，但对能促进生殖生长的磷元素的需要增加。在茶树年生长周期中，由于茶树地上部与地下部具有交替生长的特点，阶段性吸收的特性表现明显。当春季营养生长迅速时，常是吸收氮素的高峰期，6月份后随着生殖生长的发展，吸收磷的强度随之增加，8—9月份为吸收磷的高峰期。总之，要根据茶树个体发育过程与年生长周期中对养分需要的特点，通过茶园施肥做好营养调节。

施用肥料往往会给茶园带来不同程度的污染。肥料类型和品种不同，其污染源不一样，对茶园的污染程度也不相同。为了安全施肥，实现无公害茶园，要禁用未经发酵处理的新鲜人、畜、禽粪便；禁用含有传染病毒、病菌及有害有毒的有机无机物；禁用未经农业农村部登记过的肥料、土壤调理剂及生长调节剂。

2. 茶园施肥的种类　大力提倡以有机肥为主，有机肥与无机肥相配合；大力提倡重施基肥，基肥与追肥相结合；大力提倡以氮肥为主，氮、磷、钾及多种微量元素相结合；大力提倡以根部施肥为主，根部施肥与叶面施肥相结合；大力提倡缓释肥为主，缓释肥与速效肥相结合。

可供施用的农家肥料有：堆肥、沤肥、厩肥、绿肥、秸秆肥、饼肥等；可供施用的商品肥料有：商品有机肥、腐殖酸类肥、微生物肥（包括根瘤菌肥、固氮菌肥）、有机无机复合肥、化学合成肥（包括含氮素的铵态氮肥、硝态氮肥、石灰氮、含磷素的磷矿粉、和过磷酸钙、含钾素化学肥等）、专用复合物、微量元素肥以及叶面肥（含各种营养成分，不含化学合成分的生长调节剂）。

3. 茶园施肥的方法

（1）重施基肥。在长江中下游茶区，从10月份到翌年3月份，茶树地上部已进入休眠期，而地下部根系仍在不断吸收并贮存养分。重施秋冬季的基肥，对翌年春茶早发及高产优质将起到决定性作用。一般基肥用量不少于全年用量的 50%。成龄茶园的基肥，如施饼肥，每年每亩不少于 150 千克，如施堆肥，不少于 1 000 千克，并力争在 10 月上旬施下。施时做到基肥沟施，深度要在 25 厘米以上。江北茶区和华南茶区，可适当根据气候情况，将施基肥时间予以提前或推迟。

（2）早施催芽肥。春茶早发、多发的营养基础是基肥，但要春茶快长、多产，还需及早施追肥催芽。长江中下游茶区以 2 月下旬至 3 月上旬施用为宜。对气温高、发芽早的品种，要提早施；气温低、发芽迟的品种则可适当推迟施。一般每亩施尿素（铵态氮）20~30 千克。也可施多元复合（湿）肥。

（3）施好夏秋追肥。凡是春茶采后还采夏、秋茶的茶园，为了满足夏秋茶生长对养分的需求，在采完春茶和夏茶后应进行夏、秋茶的追肥，夏肥一般在 5 月中下旬施用，秋肥要避开"伏旱"施用，即"伏旱"来临早的在"伏旱"后施，来临迟的则可在"伏旱"前施。夏秋追肥可施用尿素（铵态氮）和复合肥等。

（4）巧施叶面肥。根据茶树生长状况，如发现茶树处于营养不良或出现某些营养缺素症时，需采用根外肥予以补救。使用的各种大量营养元素和中、微量营养元素的肥料通过叶面喷施。在无公害茶园施用的叶面肥需是经农业农村部登记注册的。在茶季喷用无机叶面肥，需 10 天后才能采茶；喷用有机叶面肥，需 20 天后才能采茶。

第四节　病虫草害的控制

中国已记载的茶树害虫种类有 430 多种，病害近 100 种，茶园杂草 30 多种。因病、虫、草害茶树，每年损失茶叶产量 10%~15%，并使品质下降，局部地区和个别年份损失更为严重。在不同茶区由于生态环境、温度条件、种植历史的不同，其病虫草害的发生种类也不相同，各自构成其独特的病虫杂草区系。害虫（包括害螨）和病害微生物（包括线虫）是茶园中以茶树为中心的食物链中的一个营养层，它们依赖加害茶树而获得生存繁衍。杂草是茶园生态系统中和茶树处于同一营养层次的有害生物群，它们通过和茶树竞争吸取土壤中的水分和养分借以生存繁衍。

在茶园生态系统中，处于有害昆虫和病原微生物更低的一个营养层的生物群是有益的天敌种群。它们在茶园中以捕食或寄生于有害昆虫和有害病原微生物，借以获得营养而生存繁衍。因此，天敌种群是对有害昆虫和病原微生物的"克星"。杂草虽然也有天敌种类，但不像有害昆虫和病原微生物的天敌种类那样丰富。

在我国各个茶区，以气候温暖、潮湿多雨的华南茶区和西南茶区茶树病虫草害的发生种类最多，发生也较严重，其次是江南茶区。气温较低、降水较少的江北茶区中，发生种类相对较少，发生程度也较轻。但在同一个茶区中，因茶园海拔高度和小气候条件的不同，其发生程度也有差异。我国为了控制茶园的病虫草害，从 20 世纪 50 年代至今，大致经历三个阶段：一是 50—60 年代的化学防治阶段，以有机氯杀虫剂中滴滴涕、六六六等使用于茶园，对当时出现于茶园的一些鳞翅目幼虫如茶毛虫、茶尺蠖、刺蛾、蓑蛾类害虫的控制起到一定作用，但茶园的农药残留超标、天敌大量被杀伤，茶园生态内部的种群自然平衡被破坏，使蚧类害虫在华东地区茶园严重发生；在以有机磷农药取代有机氯农药施用茶园后，60 年代末出现茶叶螨类和蝉类猖獗成灾为害茶树。以上调控茶虫害因单纯使用一种化学防治方法所致。二是从 20 世纪 70 年代至 80 年代初，调控病虫草害工作"预防为主，综合防治"，并要治早、治小、治了，仍然是偏重于化学防治，但在选用农药品种和农药残留方面有了明显的改进。由于生物防治、农业防治中一些关键技术没有得到解决，害虫在部分茶区再度猖獗的现象时有发生，如黑刺粉虱在江南茶区发生严重为害茶树。三是20世纪80年代初以来，以保护茶园生态区系中有害生物和有益生物之间的种群平衡为目标，将病、虫、草害控制在经济为害水平以下，即使有少量的病虫草存在，而且会对茶树构成一定危害，但可为天敌生物提供食料，保持一定数量的有益生物，以达到生态系的相对平衡。

茶园控制病、虫、草害的关键技术如下：

1. 改善茶园生态环境，发挥茶园自然调控能力　茶园是茶树有害生物和有益生物种群的栖息地，改善茶园生态环境，为有益生物种群提供良好的栖息场所，有助于茶园生态系的生物多样性，发挥茶园的自然调控能力，这是茶园有害生物综合治理的外部条件，如茶园周围的植树造林，种植防风林、遮阴树、行道树，部分茶园退茶还林，调整茶园布局，增加茶园周围植被。

2. 以农业防治为基础，加强生态调控的力度　茶园田间栽培为基础的农业防治可以改变茶园生态系统的生境，是对有害生物综合治理中的一种温和的调节措施，主要包括选用抗病虫的茶树无性系品种；及时合理采摘；秋季深耕时将表土和落叶层中的越冬害虫和各种病原菌深埋入土而死，同时将深土层中的越冬害虫曝露于表土而冻死；增施有机肥，并注意磷和钾素肥的施用，以增强茶树对病虫的抗性；疏枝清园，茶行边缘修剪，扫除茶丛根际周围的枯枝落叶，铲除园内或园边匿藏越冬病虫的杂草。

3. 开展生物防治，保护和利用天敌资源　有益生物和有害生物同时存在于茶园生态系统中，可以相互依存和制约。开展茶园生物防治，减少化学农药的使用量，对作为饮料的茶叶来说，更具有特殊意义。生物防治措施是利用天敌和生物农药防治茶树病虫害，包括有益微生物的应用、寄生物昆虫天敌的应用、昆虫病毒的应用、捕食性天敌的应用。做到以虫治虫；利用有益的细菌、真菌、放线菌及其代谢产物防治病虫害；利用病毒治虫。

4. 利用害虫趋性，进行物理机械防治　利用害虫的特殊趋性或习性，采用机具或人工进行病虫害的防治。当前茶园主要采用两种方法：一是诱杀法，即利用昆虫的趋光性或趋化性，害虫种群自身间的化学联系和害虫对色泽的趋性进行引诱，目前有灯光诱杀、糖醋诱杀和性信息素诱杀等。二是人工捕杀，对茶园中某些目标明显和群集性强的害虫，通过人工捕杀方法予以消灭。

5. 合理进行化学防治　在茶园使用化学农药的要求并不注重"灭杀"，而更注重于调节。因此，一是合理选用农药品种时，要有限制地使用高效、低毒、低残留的。茶园中禁用滴滴涕、六六六、硫磷（1605）、甲基对硫磷（甲基1605）、甲胺磷、乙酰甲胺磷、三氯杀螨醇、氰戊菊酯等农药。对于供出口的茶叶基地，还包括禁用扑虱灵、灭螨灵、甲氰菊酯等农药。秋后可喷施石硫合剂或波尔多液封园，以减少翌年茶树病虫害。二是根据病虫防治指标适期施用农药。防治指标又称防治阈值，是指当茶园病虫发生数量超过此值时，需要进行防治；茶园保留少数病虫数，可为天敌提供食料，利于生态平衡。如茶尺蠖防治的国家指标为4 500头/亩。三是科学使用农药，要科学地掌握对症下药、适量用药、适时施药、合理施药方法，按照安全间隔期采茶等。

第五节　茶叶采摘

茶叶采摘既是茶叶生产的收获过程，也是增产提质的茶树树冠管理重要措施。单位面积产量的高低和品质好坏，决定于茶叶的多少与好坏。这与茶树品种、茶树生长的自然条件和管理水平以及采摘技术关系密切。茶叶采摘是否合理，不但影响茶叶产量和品质，而且影响茶树生长发育、制茶成本和整体经济效益。茶叶品质的好坏，受采摘的鲜叶影响最大。

1. 合理采摘 在同一地区，同一茶树品种、同一树龄，加工同一茶类，由于采摘方法与留叶不同，所得到的产量和品质差异很大。不合理的粗摘滥采，不仅使茶叶品质下降，而且对茶树生长也不利。合理采摘要求因地、因树、因茶类而制宜。合理采茶的原则是：采下的芽叶，能适应某一茶类加工原料的基本要求；通过采摘，使茶树能持续保持优质高产高效，达到调节一季一年与较长时间的茶叶产量、品质之间的矛盾；通过采摘，能促进茶树新梢萌发，有利于增加树冠芽头密度和增强生长势，增加采摘次数，延长采摘期，达到调节茶树长势健壮与延长经济年龄之间的矛盾；能够适当兼顾同一茶类，不同等级或者不同茶类的鲜叶原则，达到调节采茶劳力紧张与提高劳动生产率之间的矛盾。

总之，合理采摘茶叶在一定条件下，能够适当较好解决茶叶产量与品质之间的矛盾，获得持续高产优质，取得较理想的效益。

2. 采茶技术

（1）按茶类要求严格标准采。茶叶品质标准首先决定于采摘标准，使茶叶加工原料符合品质要求。

采摘标准是依生产茶类、茶树生长状况、当地气候和新梢生育特点来确定的。由于制茶种类多，同一茶类又有很多等级，对鲜叶要求不一。为此，可大体分细嫩采、适中采和成熟采三种标准。

细嫩采标准是指茶芽初萌发或初展1～2嫩叶时采摘的各类名优茶的采摘标准。有所谓"雀舌""旗枪""莲心""颗粒"等。以细嫩芽叶制成特级白毫银针、龙井、碧螺春、毛峰等名茶。这种采摘标准，花工多、产量低、品质佳，季节性强，经济效益高。

适中采的标准是当茶树新梢伸长到一定程度，采下一芽二三叶和细嫩对夹叶的红绿茶普遍的采摘标准。以一芽二三叶混采的，产量和品质较为优越。

成熟采的标准是我国一些传统的特种茶所采用的采摘标准。如制乌龙茶须待茶树新梢生长成熟，顶芽已成驻芽而叶片大部已展开，采下一个驻芽和2～3叶，或一个驻芽和3～4叶。此外采制边销茶和砖茶的原料，比乌龙茶更粗老，等待新梢充分成熟，基部已木质化时进行割采。这种新梢有的经过第一次生长的，有的经过第二次生长的；有的一年只割采一次，也有割采两次的。

从大多数茶类来看，凡高级茶的芽叶所含有效化学成分都较高，不论茶树新梢伸长程度如何，近顶芽的一二片嫩叶中的儿茶素和水浸出物都比新梢下部的叶片含量高，由芽到梢基部，茶叶中有效成分是逐渐下降的。用化学分析方法测定茶叶嫩度是：一为总灰分与咖啡碱的比率，指数小的表示嫩度高，反之则为粗老；二为水溶性果胶与全果胶量比率，其指数大时表示嫩度高；三为碱不溶物与茶多酚比率，指数大时表示粗老；四为乌龙茶的化学指标以醚浸出物与水溶性茶多酚之比1：2为合适。

（2）分批多次采。茶树具有多年、多季和多批次采收的特点。分批多次采是合理采、及时采的具体措施，是提高茶叶质量和产量的关键之一。茶叶采摘合理分批，一般要掌握好五看：一看茶树品种，有的品种新梢生长多集中于春、夏季，有的较集中于夏、秋季。在新梢生长较旺盛、较集中时，分批相隔天数要短些，批次可多。二看气候条件，气温高，降水多，茶芽生长迅速，采摘批次要增加，反之，批次可适当减少。三看树龄和树势，树龄幼小的，需要培养，每批相隔天数宜长些；树势好，生长旺盛的茶树，分批天数可短些。四看管理水平，凡肥培管理好，水肥充足，分批天数要短些。五看对制茶原料的要求，对采茶标准不同，每批相隔天数有长有短。总之，根据以上各种情况，随时观察茶树新梢生长的变化，掌握准确的采摘批次，及时采下符合标准的芽叶。

（3）依树龄树势留叶采。采去新梢上芽叶对茶树生育产生一定影响，要解决这一矛盾，须既要采又要留，留叶是为了更多地采叶。茶树采叶与留叶依树龄树势不同而有差异。

幼年茶树处于培养时期，应以养为主，不宜强采。一般在第二次定型修剪后，秋季树冠高50～60厘米时分批打顶养蓬采。3足龄的幼年茶树，春茶打顶采。4足龄茶树春留一二叶采，夏留一叶采，秋留鱼叶采。

成年茶树树冠强壮的以采为主，采养结合。一般春秋留鱼叶，夏留一叶。

老年茶树的采留，要视树势强弱，衰老程度而有不同，树势旺盛的按成年茶树的采法，树势衰老的春夏留鱼叶采，秋茶集中留养不采，或春茶采后进行重修剪或台刈，更新复壮树势。更新茶树的采摘，初期以养为主，一季或一年不采，采留情况视修剪程度和修剪时期而异。

（4）讲究采摘手法，推广机械采茶。手采特点是采摘精细，掌握灵活，采摘批次多，采期长，能采得质优芽叶，树体损伤小，特别适合名优茶的采摘。主要缺点是工效低，费工大，成本高。

手采茶树芽叶，因手指动作、手掌朝向和手指对新梢着力的不同，手法颇有讲究，用手扭采、捋茶会损伤茶芽，破坏树冠培养。目前认为较好的手法有：一为掐采，又称折采，适用于细嫩标准采摘所用的手法。左手接住枝条，用右手的食指和拇指夹住细嫩新梢的芽尖和一二片细嫩叶，轻轻地用力将芽叶折断采下。二为提手采，适用于适中标准采的手法。掌心向上或向下，用拇指、食指配合中指，夹住新梢要采的部位，向上用力提采。三为双手采，两手掌靠近采面，运用提手采的手法，两手相互配合，交替进行，把符合标准的芽叶采下。

茶叶采摘季节性很强，所花工时也最多。随着茶叶生产专业化程度的不断提高，利用机采逐步代替手采，势在必行。尤其是在选用发芽齐一的无性系良种的新茶园，便于机采的进行。凡生产大宗红、绿茶、边茶、乌龙茶的茶园，已逐步采用机采。

机采茶园宜选坡度 10°以下的平地或缓坡地，地面较为平整，茶树行距为 1.5～1.8 米，树冠平整、发芽能力强、芽叶粗壮，树高控制在 70～90 厘米。树龄较大的手采茶园在改为机采之前，一般需进行重修剪改造为弧形树冠，并加强增肥培土。机采茶园全年采摘批次少，但采摘强度大，芽叶损伤多，加之采摘期集中，养分消耗大，要有充足的肥料保证树冠营养。

目前推广使用的采茶机均为切割原理的，有切割幅宽为30～45 厘米的单人采茶机，有切割幅宽为 100 厘米的双人采茶机。并应配备切割幅为 100～120 厘米的双人修剪机，切割幅为 75 厘米的单人修剪机，切割幅为 100～120 厘米的重修剪机以及切割幅为 22.5 厘米的台刈机。

双人采茶机需要来回两次才能采完一行茶树，去程应采采摘面宽度的 60%，即剪切宽度超过采摘面中心线 5～10 厘米。回程再采去剩余的部分。采茶机在操作时的前进速度不可太快或太慢，太快易致采摘净度低，采摘面不平整；太慢既降低采茶工效，又增加重复切碎概率，碎片增加，适宜的机采前进速度为每分钟 30 米，动力转速为 4 000～5 000 转/分。

单人采茶机能适应较复杂的地形，作业时，采摘弧形茶树应保持机头的前进方向与茶行走向垂直，每刀均从树冠边缘采至采摘面的中心线。采摘平形茶树时，为了提高效率，仍以机头前进方向与茶行定向垂直为好。

3. 鲜叶验收与装运保鲜

（1）鲜叶验收。从树上采下的茶鲜叶，其生命活动并未停止，呼吸作用仍然继续。在芽叶呼吸过程中，糖类等化合物分解，消耗部分干物质，放出热量，如处理不当，轻则使鲜叶失去鲜爽度，重则产生水闷味，红变变质。防止鲜叶变质的唯一办法就是及时进行鲜叶验收。

鲜叶验收时要从芽叶的嫩度、匀度、净度、鲜度四个方面入手，对照鲜叶分级标准，评定等级、称重、登记。对不符合采摘要求的，及时提出指导性意见。

嫩度，是衡量鲜叶质量的主要依据。鲜叶嫩度好，有效成分如茶多酚、咖啡碱、氨基酸、水溶性果胶等含量高，纤维素、淀粉等含量低。因此，根据不同茶类对鲜叶嫩度的要求，掌握好评定等级。不同茶类对鲜叶嫩度的要求差异大，在衡量鲜叶嫩度的方法主要以正常芽叶（1芽1～5叶）与对夹叶的含量百分比为标准，正常芽叶多，为嫩度好，反之则嫩度差。一般不同茶类因此而制订嫩度等级标准。

匀度，是指同一批采下的鲜叶物理性状的均匀一致程度。它受茶树品种、老嫩大小、露水叶混杂等因素的制约。评定时根据鲜叶均匀程度而升降等级。

净度，是指鲜叶中夹杂物的含量。凡鲜叶中混杂有茶花、茶果、老叶、老枝、病虫叶以及杂草、虫体、砂石等非茶类杂物的，均属不净，轻的适当降低等级，重的应予剔除后才予验收。

鲜度，是指鲜叶采下后，其理化性状变化的程度。叶色光润是新鲜的象征。凡鲜叶发热红变，有异味、不卫生及有其他劣变的应予拒收，或视情况降低评收。

鲜叶验收后应做到：不同品种鲜叶分开；晴天叶与露水叶分开；隔天叶与当天叶分开；上午叶与下午叶分开；正常叶与劣变叶分开。以利初制加工，提高茶叶品质。

我国茶类繁多，鲜叶分级还没有一套较完整的标准，分级标准各不相同。鲜叶分级一般以芽叶机械组成、色泽、大小、软硬等因素制定等级。

（2）鲜叶装运与保鲜。为了保持采下的鲜叶新鲜度，防止叶温升高变红，需注意所放置的工具、放置时间、装运方法。

我国一般采用竹编有孔眼的篓筐，保鲜效果最为理想，既通气又轻便，盛装时切忌挤压过紧，严禁利用不透气的布袋或塑料袋装运鲜叶。装运鲜叶的器具，每次用后需保持清洁，不能留有叶子。

为了做好保鲜工作，鲜叶应贮放在低温高湿通风的场所。摊放室空气相对湿度控制在90％左右，室温15℃左右，叶温控制在30℃以内。贮放期间应经常检查叶温，如发现叶温升高，应翻拌散热，翻拌动作要轻，以免鲜叶受损伤而红变。

高档名优茶鲜叶细嫩，不宜直接摊放在水泥地面上，应摊放在软匾、簸篮或篾垫上。摊放厚度要适当，春茶气温低，可适当厚些，高档茶摊放厚度一般为3厘米左右，中档茶可摊厚5～10厘米，老叶适当摊厚，不超过20厘米。晴天空气湿度低时可适当厚摊，雨水叶应适当薄摊。

第五章
茶树品种概况与主要选种方法

茶树是一种个体发育时间较长的多年生叶用作物，一经种植就长达几十年，甚至百年以上。因此，充分利用我国丰富的茶树品种资源，实现茶树良种化，用良种建立高产、稳产、优质茶园，是实现茶业现代化中一项基础性的建设。

第一节　茶树良种的作用、目标和任务

优良的茶树品种，一般具有提高产量、改善品质，增强抗逆性，提高劳动生产率及经济效益等方面的作用。

1. 茶树良种的作用

（1）提高茶叶产量。决定茶叶产量的因素有茶树采摘面、单位面积内芽叶个数、每个芽叶的平均重和芽叶生长速度等。不同品种对这些因素的表现不同，存在产量高低之别。在环境条件和管理水平相对一致的情况下，一般优良的茶树品种能比普通品种增产 20％以上。

（2）改善茶叶品质。形成茶叶品质的色、香、味、形的重要物质基础，是由芽叶内部生化特性和外部形态决定的。品种不同常会表现出很明显的差异。如云南大叶茶所制红茶，素以汤色红艳、滋味浓强称著，主要就是由于儿茶素含量显著高于一般品种的原因所致；黄山种所制的黄山毛峰，品质优异，这与氨基酸的

含量高和脂类儿茶素比重大分不开的。另外，芽叶的形状、大小、颜色、节间长短、茸毛多少、叶片厚薄等外部形态，也因不同品种而影响成茶的外形和内质。我国传统名茶，如西湖龙井、洞庭碧螺春、太平猴魁、武夷岩茶、铁观音等均与茶树品种有关。

（3）增强抗逆性。在扩大产区，选用抗逆性强的品种，有利于提高推广效果和经济效益。茶树抗性的强弱，主要决定于品种的遗传性。在抗旱方面，我国新选育的品种如安徽1号、湖南槠叶齐、浙江龙井43等均具较强抗旱性；不同品种对病虫害的抵抗能力也不同，如贵州黔湄415、广西高脚茶对牡蛎蚧有很强抗性；在抗寒方面，如产于浙江高山的水古茶，其抗寒性就比福鼎白毫强。

（4）提高劳动生产率。发芽期不同的茶树品种进行合理搭配，可以调节采制"洪峰"，缓和劳力矛盾，提高采制质量。良种可以提高采茶效率。在发芽整齐、芽叶密度大的和芽叶肥壮的茶园，手工采摘效率高；良种发芽整齐，也有利于机械采茶。

（5）提高经济效益。茶树良种具有增产、优质、抗性等优良特性，在正常管理条件下，可比普通品种增加较多的经济纯收入。

由于茶树良种也是相对的，现有的优良茶树品种中存在某些不足之处，在推广、引种的过程中，应结合当地实际，考虑自然条件、茶类特点，选用良种，采取良种良法，使良种发挥最大的经济效益。

2. 茶树育种的目标和任务

（1）茶树育种的目标。茶树育种总目标是要选育出优质、高产、抗逆性强、适应机械化操作的优良品种。对地处不同地理位置的各茶区要根据当地实际情况，制订具体育种目标，所选育的新品种要比现有品种在产量上有较大幅度的提高或品质有所改善或抗性有所增强，并注意早生、中生、晚生品种的选育，以供合理搭配使用。

（2）茶树育种的基本任务。

第一，继续进行茶树品种资源的搜集研究和开发利用：我国茶树品种资源极为丰富，已做了大量的资源调查研究工作，2001年出版了《中国茶树品种志》。由于发展还不平衡，有的尚不够深入，今后仍应继续进行品种资源的调查研究、搜集整理、保存和利用，以充分发挥品种的作用。

第二，进一步进行茶树系统选种和杂交育种：系统选种和杂交育种是利用现有品种资源、选育新品种的有效途径。我国许多优良新品种大都采用这两种方法而育成的，今后宜采用单株选择法，选育出更多更好的新品种，以满足各种茶类对品种的需求。

第三，健全茶树育种鉴定组织，确保真正良种的推广：茶树良种必须通过比较试验、区域性试验，并经过专门的鉴定机构评审后，认为合格的，才能承认为正式良种。凡未经审定通过的品种，不应引种推广，防止品种进一步混杂。

第二节　茶树良种的基本内容

茶树良种的基本内容包括茶树育种和良种繁育两部分。

1. 茶树育种　包括了解茶树育种目标及良种在茶叶生产中的作用、茶树品种资源、良种名称和特征特性；掌握系统选种、引种、杂交育种、杂交优势利用、良种繁育理论及方法等，应用茶树品种资源，采取各种有效途径和科学手段的鉴定，育成新品种，逐步更换表现不良的老品种。

2. 茶树良种繁育　要研究良种推广过程中加速繁育、保持良种纯度以及运用科学的繁育技术，提高成活出圃率的具体技术措施。

育种与繁殖两者是密切联系的。良种选育后，应及时大量繁殖，迅速推广；而繁殖过程中又应继续选育，以提高种性，保持良种纯度，达到保纯、复壮、更新。

第三节　茶树引种

当今我国栽培作物的多样性和品种良种化，很多是互相引种的结果。虽然其他育种新技术、新方法不断涌现，但作为传统的行之有效的引种法，仍是育种研究不可忽视的一个方面，茶树也不例外，世界上不少国家的茶树品种，是由我国引种的。

1. 引种的意义　从外地引进优良的品种，经在当地试种，将表现良好的，推广于生产；对暂时表现欠佳的，通过选择和驯化，再用于生产，或作为育种原始材料，进行进一步利用。这些方法称为"引种"。引种一般是指远距离、自然条件相差较大的不同农业区域之间的引种。

优良品种从外地引种后，如能保持原有的优良性状，或产生比原有性状更优良的性状，可作为良种在当地推广。

作物引种中对新的环境条件的适应，称为"驯化"。分为自然驯化和风土驯化两种。两者难以截然分开，也不可混为一谈。一般说来，试种表现优良，直接用于生产的，属自然驯化；试种表现欠佳，暂时不能用于生产，对新环境尚需一段适应过程经简单选择后用于生产的，属风土驯化。

由于引种方法较简便、收效快，深受农民的重视和应用。就茶树引种来说，我国西南地区为茶树原产地，人工栽培已达3 000多年，至今已有20个省（自治区、直辖市）种植茶树，成为我国重要的经济作物之一。在国外，产禁区已遍及五大洲60多个国家、地区，使茶树分布从北纬49°到南纬22°，成为世界性栽培作物。这与通过长期引种驯化分不开。我国茶树品种资源十分丰富，但目前良种推广面积还不大，良种化程度还不高。因此，今后应采取有力措施，逐步实现我国茶园良种化。

2. 引种基本原理 首先，在生态型与引种关系上，茶树品种对当地的自然条件和生产条件都具有良好的适应性，这就是该品种的生态型。生态型的形成是在一定地区的环境条件下经自然选择和人工选择的结果。因此，在同一农业区域的自然条件和生产条件下育成的品种，往往具有相似的生态型，而在不同地区育成的品种，往往属于不同的生态型，也有不同的地区分布和适应性。引种工作中一定要注意品种的生态型，以免造成不必要的损失。其次，在植物驯化上又有自然驯化和风土驯化两种。自然驯化是指植物引到新地区后，不发生遗传的变异，就能很好地进行生长发育。如福建的福鼎大毫茶、福鼎大白茶从气温较暖的福建福鼎，直接引种到气温明显降低的江苏无锡及江北茶区，都能良好生长，且保持其优良性状。风土驯化也称气候驯化，指植物引种到与原产地显然不同的环境条件下，被迫逐步同化，使遗传性发生变异，从而适应新的环境条件。如云南凤庆大叶种引种到浙江平阳县，株型变得紧凑，叶片变小，芽重变轻，抗寒性增强。一般用茶籽或实生茶苗作引种材料，并采用逐步迁移法，容易达到风土驯化的目的。

3. 茶树引种的基本要求 茶树品种是在一定环境条件下形成的，它对气候、土壤等都有一定的要求和适应范围。在引种时必须了解该茶树的性状及其生长发育所适应的环境条件，以及引入地区和该品种原产地环境条件的差异情况。着重从以下三个方面入手：一是茶树引种与气温的关系。茶树品种引入地区与原产地气温的差异，是气候因子中影响引种成败的最重要因子。茶树对气温有一定的要求，不同品种对气温的要求有差异，尤其是对最高、最低气温的适应极限。如引入地比原产地的气温稍低或稍高些，将使引入品种的生长期相应的缩短或延长；如引入地的最低、最高气温超过或接近引入品种的极限，则难以种植成功。在春季茶芽萌发起始温度是日平均气温 10℃左右。新梢生长最适宜的气温为 20～22℃。白天最高气温超过 30℃或夜间最低气温低于 14℃时，新梢生长速度减缓。气温达到 35℃时，对生长有不利影响。能耐最高气温是 34～40℃，持续几天气温超过 35℃，新梢会枯萎、落叶，生存极限临界气温是 45℃。忍耐最低气温为−6～−18℃，南方品种比北方品种，大叶种比中小叶种要弱。因此，一般纬度相近，气温相似的地区之间引种较易成功，高纬度地区的品种引到低纬度地区以及海拔高的品种引到海拔低地区，一般会较易适应。相反，则不宜引种成功，这主要是由于两地气温相差过大，引入地区冬季平均气温比原产地要低，超过了引入品种所能忍耐的范围，茶树因冻害致死。二是茶树引种与土壤的关系。茶树是喜欢酸性土壤的植物，引种时，土壤化学环境中对茶树影响较大的是土壤酸度。茶树要求土壤 pH 为 4.5～6.5，以 pH4.5～5.5 为最适值。当 pH＞5.5 时，对茶树产生不利影响。茶树生长在 pH＞7 的碱性土壤里，苗期生长就极差，以致逐渐死去。茶树引种时，要调查引入地区的土壤 pH。另外，引种时对灌溉用水的 pH 也要调查。新疆曾在某地选择微酸性土壤，从外地引入茶树试种，由于灌溉的水质 pH 高达 8，因引水灌溉茶树，使土壤 pH 不断碱化，结果严重影响茶树成活。三是茶树引种与品种适应性的关系。不同茶树品种对环境的适应能力差别很大。一般适应能力强的品种，引种到气候条件差异较大的地区容易成功。而适应能力弱的品种，在气候条件差异较大的新区生长不良。根本原因是品种的遗传性不同。一般有性繁殖的茶树品种比无性繁殖的茶树品种、中小叶种比大叶种、适制绿茶的比适制红茶的品种，适应能力强。茶树品种适应性还与个体发育的年龄有关，年幼的较易接受改变了的新环境而发生变异，形成新的适应性。但因其组织柔嫩，易受新环境的影响使生长发育受损伤，为此，应加强对幼年期的培育管理，以增强对新环境的适应性。

4. 茶树引种的方法　首先要有明确的引种目标，由于一个茶树品种都有其一定的茶类适制性和最适宜的生长环境，如有适制绿茶、乌龙茶或红茶的，有早生种、中生种、迟生种。因此，一个地区进行茶树引种，应考虑引种地区和引种品种在当地是否适应的同时，要明确生产茶类的要求，以期达到引种的目标。其次在引种的步骤上一般分三步走，第一步是少量引种，即经少量试种时，每一个品种的数量可少些，引入品种个数则要尽可能多些，以便择优选取。同时安排多点试种，求得在较短时间里得出正确结果。第二步是栽培试验，经试种认为有可能成功的品种，应根据其生物学特性，对其产量和品质有较大影响的特性进行栽培试验，以了解引进的品种在新地区取得的经济价值和适应性。第三步是做好种苗检疫工作，防止病虫传播。由于不同茶区的茶树病虫害是不同的，如食叶类害虫中的茶蚕在华南茶区较严重，茶尺蠖在江南茶区发生严重，扁刺蛾在江北茶区较严重。引种时应认真执行检疫制度，特别是引进茶苗和插穗极易携带害虫和病菌。

第四节　茶树系统选种

现有品种的选择、原始材料的研究、杂交亲本的选择、杂交后代的选择，各种育种工作均离不开选择。选择的基本方法有两种，即系统选择与混合选择。目前我国推广的茶树良种大多是采用系统选种法育成的。

1. 系统选种的意义　系统选种又称单株选种。系统选种就是根据育种目标从原始群体中选出符合要求的优良单株，然后进行无性繁殖或有性繁殖，并与标准种及原始群体对照种进行比较，从而选育成新的品种。

茶树系统选种已成为茶树选种的主要手段。其优点有：一是方法简便，有利于开展群众性选种工作。如福建的闽南茶区、闽北茶区普遍推广茶树短穗扦插，系统选种效果明显。浙江、安徽、湖南等省在开展群众性选种工作中，选育出不少新品种、新品系。二是效果显著，有利于改良现有品种。目前我国茶区仍以有性群体品种为主，大都性状很混杂，不利于高产优质和经济效益的提高。在这些群体品种中进行单株选种，对改良现有的群体品种能取得显著效果。如安徽的安徽1号、3号、7号，浙江的龙井43、迎霜，湖南的楮叶齐、白毫早，贵州的黔湄502等都已被认定为国家品种。

2. 茶树主要经济性状优劣的鉴别　选育茶树优良品种的基本目标是高产、优质、抗逆性强。选育过程中要鉴别茶树品种（或单株）最可靠的方法是通过正常的采摘、加工和审评，来比较其产量与品质。通过酷暑、干旱、严寒等灾害性天气以及病、虫、草害等不利外界条件鉴别其抗逆能力，这种方法称为直接鉴定法，一般是在育种后期采用。茶树是多年生作物，以优良单株到大面积推广，一般需经10多年时间，为了缩短育种年限，提高育种效果，可采用早期鉴定，或称间接鉴定法。早期鉴定是指在系统选种时，根据苗期或幼年期的某些性状与成年期若干经济性状的相关性，或根据单株性状与产量、品质、抗逆性的相关性，来选择有希望的茶树单株或类型。早期鉴定可以大大节约人力、物力、土地，加快新品种育成的速度。

鉴别新品种的主要经济性状优劣从产量性状、品质性状、抗逆性三个方面进行。

（1）产量性状优劣的鉴别。构成茶叶产量的两大因素是单位面积内芽叶数量和每个芽叶的平均重量。两者对产量的影响是不同的。研究认为：与产量之间的相关性，芽数比芽重更为密切。

因此，鉴别产量高低时应注重芽数。茶叶芽数主要由单位面积内采摘面大小和发芽密度来决定。凡茶树采摘面大、分枝多、发芽密，则芽数多，产量高；反之，则产量低。芽数还与发芽期的迟早、全年新梢伸育期长短、新梢生长速度与轮次等有密切关系。一般发芽早、休眠迟，营养生长期长，新梢生长快，轮次多，都有利于增加芽数，是茶树高产的重要特征之一。茶芽重量是指正常芽叶或混合芽叶的平均重。混合芽叶包括正常芽叶和非正常芽叶。影响芽重的一个重要方面是对夹叶（非正常芽叶）所占比重，对夹叶比重小，是茶树高产品种的又一重要特征。开花结实要消耗茶树体内大量的营养物质，会影响芽叶生长，使产量下降，一般高产的茶树品种往往与开花结实较少有很大关系。

（2）品质性状优劣的鉴别。影响茶叶品质的因子是多方面，良好的自然条件、栽培管理和采制技术可以改善和提高茶叶品质，品种是决定茶叶品质的内在因子。不同茶类，各具特色，在外形内质方面有不同要求。往往适制绿茶的品种，不一定适制乌龙茶；适制红茶的品种，制成的绿茶的品质就欠佳。为此，需要通过茶树性状的品质早期鉴定来鉴别其优劣。茶叶品质的早期鉴定包括有：一是一般认为大叶种适制红茶，中小叶种适制绿茶；叶形长的宜制眉茶，叶形圆的宜制珠茶；叶片较厚的宜制绿茶、叶片较薄的宜制红茶。二是芽叶茸毛多的品种，是许多特种名茶，如白毫银针、白牡丹以及各种毛峰茶加工的理想原料。三是一般节间长、茎粗壮的，制成的干茶中梗多，绿茶精制率低，影响品质。四是芽叶嫩度高和持嫩性强的，适制绿茶中名优茶，而嫩度和持嫩性差的，干茶外形松碎，品质欠佳。五是一般芽叶色泽淡绿的宜制红茶，叶色浓绿的宜制绿茶，而紫色芽叶制红绿茶品质均低下。六是茶叶中对品质影响最大的生化成分是茶多酚和氨基酸。一般认为适制红茶的茶多酚含量要高，适制绿茶的氨基酸含量要高。

（3）抗逆性强弱的鉴别。茶树抗性鉴定最可靠的方法是直接鉴定法，即当地遇到酷暑、干旱、严寒、病虫草危害时，实地进行抗寒性、抗旱性及抗病虫草性诸方面的调查比较。

3. 茶树系统选种的基本方法　茶树系统选种可分为无性系和有性系两种方法。

（1）茶树无性系选种的方法与程序。

第一，在当地群体品种茶园、原始材料圃或实生苗圃中用目测法逐行逐株进行个体选拔，初步选出优良单株若干，挂牌标记或插上竹竿，以便进行周年观测，观测的项目主要包括树态、生长势、发芽期、芽叶性状、发芽密度、单株产量、采摘期、抗寒性、抗旱性、抗病虫草性、适制性、制茶品质（小量制茶法）等。选择对象以成年茶树为好。

第二，将观测后入选的优良单株，分别进行无性繁殖（如短穗扦插法），培育一定数量的茶苗，以供品系比较试验之需。在短穗扦插方法繁殖茶苗时，应观察调查插穗成活率、苗高、分枝数、根系生育状况、茶苗整齐度抗逆性等，并淘汰不符合良种要求和繁殖力低下的单株。在此基础上，再将入选单株的无性后代（通称品系）与同龄的无性繁殖系标准品种（即对照品种）进行比较试验。

第三，比较试验的内容包括产量、品质、抗逆性的直接鉴定和有关经济性状的调查。对茶树的产量和品质鉴定需要经 3 年左右，才能获得较为可靠结果，即种植后 7～8 年方可完成。如品系过多，可通过预选园，淘汰部分品系，再进行正式品种区域试验。

第四，为了了解新品系的适应范围和推广地区，需进行品种区域试验，一般是与品种比较试验同时进行，以缩短育种年限，区域试验的内容与比较试验类同。

第五，通过品种比较试验和区域试验，对明显优于对照的品系，便可进行大量的无性繁殖，并通过有关单位，进行新品种鉴定，正式命名推广。

（2）茶树有性系选种方法与程序。由于茶树有性系的群体品种较为混杂，纯度不如无性系品种，但其适应性与生活力往往比无性系品种强，而且有的有性系群体品种具较强的母性遗传能力，故仍有选择价值。茶树有性系选种的方法和程序是：

第一，选拔优良单株后除按茶树无性系选种方法中进行周年观测的项目中，需增加开花期、结实期等内容，入选单株应具有较强的有性繁殖能力，选拔对象宜在成年期茶树中进行。

第二，从入选的单株上采收自然授粉的茶果，并调查单株种子产量，然后分系统（即家系）播种于苗圃。出土后，在苗圃观察调查出苗率、苗姿、苗高、主茎粗、分枝数、发芽期、嫩叶色泽、成叶形态与大小、着叶数、抗性等，对不良性状多的或主要性状整齐度差的，应首先予以淘汰。

第三，将初入选的二年生茶苗按家系进行单株移栽定植，逐年调查记载生育期、生长期、产量与制茶品质以及主要性状整齐度，选出优良的家系，同时对其进行无性繁殖，以扩大数量，提供种子生产试验的茶苗。

第四，将入选的单株经无性繁殖茶苗按采种园的要求进行种植，并布置授粉株，待茶树结实后，开始鉴定种子生产能力。

第五，将最后入选的优良单株经无性繁殖茶树的种子，播种在自然条件不同的地区，进行适应性试验后，确定其适应范围。

第六，将入选家系建立采种园，繁育良种种子，进行推广。

茶树是多年生作物，在系统选种工作上不可能按部就班地进行，否则要花 20 年左右的时间，才能育成一个新品种，这与茶叶生产迅速发展是极不相称的。因此，应该将选择、鉴定与繁育三者紧密结合起来，实行边选择、边鉴定、边繁育。一经发现优良的，立即进行繁育，就地示范推广。

第五节　茶树杂交育种

通过遗传性不同的亲本进行交配，产生杂交后代，并经选择、培育出新品种的方法，称为杂交育种。杂交分为有性杂交和无性杂交，茶树杂交育种一般采用有性杂交。

1. 有性杂交育种的含义　有性杂交指两个或两个以上亲本的雌雄细胞，通过授精，产生杂种后代的过程。有性杂交中，供应花粉的植株为父本，用"♂"表示，接受花粉的植株为母本，用"♀"表示。两者中间用"×"表示杂交。一般母本写在前面。

2. 杂交方式　主要有简单杂交（单交）、复合杂交（复交）、回交、自由传粉等。

（1）简单杂交是指两个亲本成对交配。又分为正交与反交，如福鼎大白茶×云南大叶种为正交，云南大叶种×福鼎大白茶为反交。因茶树性状母性遗传较强，故将选作优良性状较多的亲本作母本。

（2）复合杂交是指两个以上亲本，进行两次或两次以上的交配。

（3）回交是指杂种的第一代再次与亲本之一进行交配。

（4）自由传粉简单易行，效果显著，其后代具旺盛生活力，如贵州选育的黔湄303即是。

3. 杂交技术　根据育种目标，确定杂交亲本，选配杂交组合，实地选好亲本植株为杂交的父母本，采用标记和保护措施，并准备必要的授粉用的材料和工具。授粉前1~2天从父本植株上采集即将开放的花朵，放入培养皿中，放置于干燥处，次日上午花粉已成熟，用毛笔刷下收集待用。为防止自然杂交，对母本花朵在未开放前用套袋隔离。授粉最好是在花朵去雄后1~2天，柱头上分泌黏液时进行。授粉时先打开隔离袋，用毛笔蘸上花粉轻轻涂在柱头上。授粉后立即套上原隔离袋，挂上标牌。约一星期后花瓣脱落，柱头呈褐色干缩状，即可去袋。受精后幼果发育直至成熟，分别采收贮藏或播种。杂交后代会产生较多的变异，利用杂交优势选择。将采收的茶籽于次年早春浸种催芽，播于营养钵或苗圃，行株距为 20 厘米×10 厘米为宜（或每钵 1 粒），苗圃为单粒播。茶苗达一足龄时，带土单株定植，行株距为 150 厘米×75 厘米，加强管理，以求全部成活。后代选择应通过单株选择（或集团选择）从苗期开始，重点是按相关性状进行早期鉴定。经 3～4 年连续选择，将劣株予以淘汰，并调整行株距为 150 厘米×150 厘米。以便进行产量品质鉴定。同时对初选优良单株进行无性繁殖，接着可进行品种比较试验、区域试验等鉴定。

第六章
茶树品种资源

我国茶树野生资源多，分布广。长期以来，经过不断的自然杂交、人工培育及环境条件的影响，演变成了丰富多彩的茶树品种资源。经过科技人员的努力，开展群众性的茶树品种资源的调查研究，已基本上掌握了我国主要茶区的品种资源。1990 年国家在浙江杭州和云南勐海建成占地 4 公顷的 2 个国家种质茶树圃，共保存资源 2 700 多份，包括活体保存的野生茶树，栽培品种、引进品种、单株和近缘植物等。1985 年、1987 年、1994 年、1998 年、2001 年、2003 年、2005 年、2010 年、2012 年经全国农作物品种审定委员会茶树良种专业委员会（1988 年前称全国茶树良种审定委员会）审（认、鉴）定的国家品种共 124 个，其中无性系茶树品种 107 个，还有一批省级品种和地方品种，分别在各茶区推广种植。另外，台湾省也有台茶系列品种 21 个得到推广。

第一节　品种资源的区域分布

我国茶树品种资源在各茶区的分布基本情况是：在西南茶区，以乔木型大叶品种为多，灌木型中叶品种次之，其他各类型的品种较少；南部茶区以灌木型中叶品种和半乔木型大叶品种居多，其他各类型品种亦有分布；中部茶区以灌木型中、小叶品种为主，中叶品种较多；北部茶区（江北）均为灌木型中、小叶品种。这说明我国茶树品种的分布同茶区的自然条件和茶叶生产特点有着密切关系。

从茶树不同树型来看，乔木型的品种，主要分布于茶树原产地——西南地区及其边缘地带，距原产地愈远的，分布愈少；适应能力最强的灌木型茶树分布于全国各个茶区，距原产地愈远的，所占比重愈大，如西南茶区灌木型品种约占54%，南部茶区约占69%，中部茶区约占92%，而北部茶区基本上是灌木型品种。

从茶树不同叶型来看，各种树型的大叶品种分布上以西南茶区最多，南部茶区次之，中部茶区又次之，而北部茶区极少。大叶品种在各茶区所占比重分别为56%、30%、27%和1%。由此可见，距茶树原产地愈近的茶区，大叶品种分布愈多，反之则分布愈少。这种分布现象是与不同茶树树型的分布一样，均受自然条件和茶树品种适应能力影响所致。

此外，我国茶树品种资源的分布还与制茶种类和茶农育种经验有关，如我国的福建、广东、台湾的乌龙茶区，拥有的茶树品种资源最为丰富，就是一个明显的例证。

我国茶树品种繁多，大批优良品种已在生产上应用，不仅有一定栽培面积，而且有的经国家和省认（审、鉴）定为品种，加以推广。更值得一提的还有一批很有价值的名枞与珍稀良种以及野生大茶树资源分布各地。

第二节　有性繁殖主要品种

1. 勐库大叶茶　乔木型，大叶类，早生种。二倍体。原产云南省西双版纳，200年前引种至双江县勐库镇。主要分布在云南的双江、凤庆、昌宁、云县、保山等地，为云南省主要栽培的茶树品种之一。四川、贵州、广东、广西、湖南、海南等省（自治区）有大面积引种推广。1985年全国茶树良种审定委员会认定为国家品种。植株高大，树姿开张，主干明显，分枝部位高而稀疏，叶片特大，长椭圆形，叶色深绿，叶身背卷或微内折，叶面显著隆起，革质重，叶齿大而浅，主脉明显，叶质厚软，芽叶肥壮，黄绿色，茸毛特多。一芽三叶百芽重121克。种子百粒重183克。芽叶生育力强，持嫩性强。发芽期早，新梢一年萌发五轮，易采摘。产量高，每亩可产茶180千克左右。春茶一芽二叶约含氨基酸1.7%，茶多酚33.8%，儿茶素总量18.2%，咖啡碱4.1%。适制红茶、云南绿茶和普洱茶。抗寒性弱。结实性弱。扦插繁殖力较强。适宜在绝对低温-3℃以上的西南、华南红茶区种植。

2. 凤庆大叶茶　乔木型，大叶类，早生种。二倍体。原产云南省凤庆县，云南南部、西部茶区有广泛栽培。四川、广东、广西、福建等省（自治区）曾大面积引种。1985年全国茶树良种审定委员会认定为国家品种。植株高大，树姿开展，主干明显，分枝部位高而较稀。叶形长椭圆，叶身微内折，叶色绿，叶面隆起，叶缘波状，叶质厚软。芽叶肥壮，绿色，茸毛特多。一芽三叶百芽重119克，种子百粒重169克。芽叶生育力强，持嫩性强。发芽早，新梢一年萌发六轮。每亩产茶可达140千克左右。春茶一芽二叶约含氨基酸2.9%，茶多酚30.2%，儿茶素总量13.4%，咖啡碱3.2%。适制红茶绿茶。抗寒性较弱。结实性强。适宜在绝对低温-5℃以上的西南、华南红茶区种植。

3. 勐海大叶茶　乔木型，大叶类，早生种。二倍体。原产云南省勐海县南糯山。主要分布在云南南部。四川、广西、贵州、广东等省区有较大面积引种。1985年全国茶树良种审定委员会认定为国家品种。植株高大，树姿开张，分枝部位高而较稀，叶片特大，叶形长椭圆，叶色绿，富光泽，叶身平微背卷，叶面隆起，叶缘粗齐，芽叶肥壮，黄绿色，茸毛多，发芽期早，新梢一年萌发五至六轮。一芽三叶百芽重153克，种子百粒重

190 克。芽叶生育力强。持嫩性强。每亩产茶可达 200 千克左右。春茶一芽二叶约含氨基酸 2.3％，茶多酚 32.8％，儿茶素总量 18.2％，咖啡碱 4.1％。适制红茶、品质优，亦适制绿茶和普洱茶。抗寒性弱。结实性弱。适宜在绝对低温 0℃以上的西南、华南红茶区种植。

4. 乐昌白毛茶　乔木型，大叶类，早生种。二倍体。原产广东省乐昌县。属野生或半野生状态，散生于密林间，间有栽培，现广东仁化、乳源、曲江等地有分布，广东北部茶区有较大面积栽培。云南、贵州、四川、湖南、湖北、福建、浙江等省有少量引种。1985 年全国茶树良种审定委员会认定为国家品种。植株高大，树姿直立或半开张，分枝较稀，叶形长椭圆或披针，叶色绿或黄绿，肥壮，茸毛特多。一芽三叶百芽重 130 克，种子百粒重 147 克。发芽早。每亩产茶可达 190～230 千克。春芽一芽二叶约含氨基酸 1.6％，茶多酚 38％，儿茶素总量 22.6％，咖啡碱 3.9％。适制红茶、绿茶。制红茶，汤呈"冷后浑"；制绿茶，白毫满披。抗寒性较强。结实性较弱。适宜在华南红茶、绿茶区种植。

5. 海南大叶种　乔木型，大叶类，早生种。二倍体。原产海南省五指山区。为海南省茶区主要栽培品种之一。广东等省有少量引种。1985 年全国茶树良种审定委员会认定为国家品种。植株高大，分枝部位高而较稀，叶片稍上斜状着生。叶片大，叶色黄绿，叶身稍内折，叶面隆起，叶齿稀深。芽叶较肥壮，黄绿色，茸毛少。一芽三叶百芽重 91 克。种子百粒重 202 克。芽叶生育强，芽叶密度较稀，持嫩性较差。每亩产茶可达 170 千克左右。春茶一芽二叶约含氨基酸 2.3％；茶多酚 35.4％，儿茶素总量 18.7％，咖啡碱 5.1％。适制红茶，滋味浓强，唯外形色泽欠乌润。抗寒、抗旱性较弱，对小绿叶蝉抗性较强。结实性强。适宜在海南茶区种植。

6. 凤凰水仙 又名广东水仙、饶平水仙，小乔木型，大叶类，早生种。二倍体。原产广东省潮安县凤凰山，相传在南宋时期已有栽培。现树龄在 200 年以上的有 3 700 多株。主要分布在广东潮安、丰顺、饶平、蕉岭、平远等地。目前在广东省茶区有大面积栽培。海南、广西、湖南、江西、浙江等省（自治区）有少量引种。1985 年全国茶树良种审定委员会认定为国家品种。植株较高大，树姿直立，分枝较稀，叶色绿，有光泽，叶质较厚脆。芽叶黄绿色，茸毛少。一芽三叶百芽重 86 克，种子百粒重 103 克。每亩产茶可达 400 千克左右。春茶一芽二叶约含氨基酸 3.2%，茶多酚 24.3%，儿茶素总量 12.9%，咖啡碱 4.1%，适制乌龙茶和红茶。制乌龙茶，香气特高，品质优良；制红茶，汤呈"冷后浑"。适宜在华南乌龙茶和红茶区种植。

7. 黄山种 灌木型，大叶类，中生种。二倍体。原产安徽省黄山市。主要分布在安徽南部山区。现安徽、山东省茶区有较大面积栽培。1985 年全国茶树良种审定委员会认定为国家品种。植株较大，树姿半开张，分枝密度中等，叶片水平状着生。叶形椭圆，叶色绿，有光泽，叶面微隆起，叶身背卷，叶质厚软。芽叶绿色，尚肥壮，茸毛多。一芽三叶百芽重 49 克，种子百粒重 133 克。芽叶生育力强。持嫩性强。每亩产茶可达 150 千克左右。春茶一芽二叶约含氨基酸 5%，茶多酚 27.4%，儿茶素总量 13.8%，咖啡碱 4.4%。适制绿茶，为黄山毛峰茶的理想原料。适应性强。结实性中等。适宜在长江南北绿茶区种植。

8. 祁门种 灌木型，中叶类，中生种。二倍体。原产安徽省祁门县。主要分布在安徽祁门、休宁、贵池、东至等县。浙江、江苏、湖南、湖北、江西、广西、福建等省有较大面积引种。在 19 世纪，曾引种到格鲁吉亚、俄罗斯、越南、巴基斯坦等国。1985 年全国茶树良种审定委员会认定为国家品种。植株适中，树姿半开张，分枝较密，叶片水平状着生。叶形椭圆，叶色绿，有光泽，叶缘平，芽叶黄绿色，茸毛中等。一芽三叶百芽重 44 克，种子百粒重 165 克。芽叶生育力强。持嫩性强。每亩产茶可达 150 千克。春茶一芽二叶约含氨基酸 3.5%，茶多酚 20.7%，儿茶素总量 15.6%，咖啡碱 4%。适制红茶、绿茶，品质优。制红茶，香气似果香或花香，俗称"祁门香"；制绿茶，香高味浓。适应性强，结实性强。适宜在全国红茶、绿茶区种植。

9. 鸠坑种 又名鸠坑大叶种。灌木型，中叶类，中生种。二倍体。原产浙江省淳安县鸠坑乡。主要分布在浙江淳安、开化及安徽歙县等地，后引种到浙江各茶区及湖南、江苏、湖北等省。马里、几内亚、阿尔及利亚、前苏联等国有引种。1985 年全国茶树良种审定委员会认定为国家品种。植株适中，树姿半开张，分枝较密，叶色绿，叶面平展，叶质中等，芽叶绿色，茸毛中等。一芽三叶百芽重 40 克，种子百粒重 96 克。芽叶生育力较强。产量高，每亩产茶可达 250 千克左右。春茶一芽二叶约含氨基酸 3.4%，茶多酚 20.9%，儿茶素总量 13.3%，咖啡碱 4.1%。适制绿茶。适应性强。结实性强。适宜在长江南北绿茶区种植。

10. 紫阳种 又名紫阳楮叶种，紫阳中叶种。灌木型，中叶类，中生种。二倍体。原产陕西省紫阳县。主要分布在陕西紫阳、岚皋、平利、安康、西乡、镇巴和南郑等县，四川省万源、城口有引种。1985 年全国茶树良种审定委员会认定为国家品种。植株适中，树姿开张，分枝较密，叶形椭圆，叶色绿，叶面隆起。叶身稍内折，叶质厚较硬脆，芽叶黄绿色，间杂微紫色。一芽三叶百芽重 42 克，芽叶生育力强，长势旺，芽叶密度大，发芽整齐。每亩产茶可达 100 千克左右。春茶一芽二叶约含氨基酸 3.6%，茶多酚 23.3%，儿茶素总量 13%，咖啡碱 4.2%。适制绿茶，香高味浓，为紫阳毛尖、秦巴雾毫茶的理想原料。抗寒性强适宜在江北绿茶区种植。

11. 早白尖 又名早白颠。灌木型，中叶类，早生种。二倍体。原产四川省筠连县。主要分布在四川宜宾、高县、珙县等地。浙江、福建、湖南等省有引种。1985 年全国茶树良种审定委员会认定为国家品种。植株适中，树姿开张，分枝密。叶片水平状着生。叶形长椭圆，叶色绿，叶面微隆起，叶质较硬，芽叶淡绿色，茸毛多。一芽三叶百芽重 33 克。芽叶生育力强。春茶一芽二叶约含氨基酸 2.7%，茶多酚 27.3%，儿茶素总量 17.3%，咖啡碱 4.5%。适制红、绿茶。抗逆性强。适宜在西南红茶、绿茶区种植。

12. 宜兴种 灌木型，中叶类，中生种。二倍体。原产江苏省宜兴市。主要分布在江苏溧阳、金坛、句容等县市。江苏北部茶区和山东、河南等省有引种。1985 年全国茶树良种审定委员会认定为国家品种。植株较矮小，树姿半开张，分枝密，叶片水平状着生，叶形椭圆，叶色绿或深绿，叶身平，叶质较硬。芽叶较小，茸毛少。一芽三叶百芽重 46 克。芽叶生育力较强。每亩产茶可达 150 千克左右。春茶一芽二叶约含氨基酸 2.9%，茶多酚 26.5%，儿茶素总量 14%，咖啡碱 3.8%。适制绿茶，品质优良。抗寒性强。适宜在苏南茶区种植。

有性繁殖的茶树良种还有江西的宁州种、湖南的云台山种、贵州的湄潭苔茶、广西的凌云白毛茶、湖北的宜昌大叶种等国家品种，以及浙江的木禾种、龙井种，安徽的青阳天云茶、松萝种、柿大茶、宣城尖叶种、涌溪柳叶种、霍山金鸡种，湖南的汝城白毛茶、城步峒茶，广东的连南大叶茶，四川的古蔺牛皮茶、南江大叶茶、崇庆枇杷茶、北川中叶种等省级认定（审定）品种，在生产上均有一定栽培面积，而且适宜种植推广于某些茶区。

第三节　无性繁殖主要品种

1. 福鼎大白茶　又名白毛茶。小乔木型，中叶类，早生种。二倍体。原产福建省福鼎市点头镇柏柳村，已有百年以上栽培史。主要分布在福建东部茶区、浙江、湖南、贵州、四川、江西、广西、湖北、安徽、江苏等省（自治区）。1985 年全国茶树良种审定委员会认定为国家品种。植株较高大，树姿半开张，主干较明显，分枝较密，叶片水平状着生，叶形椭圆，叶色绿，叶面隆起，有光泽，叶缘平，叶身平。芽叶黄绿色，茸毛特多。一芽三叶百芽重 60 克。芽叶生育力和持嫩性强。每亩产茶可达 200 千克左右。春茶一芽二叶约含氨基酸 4.3%，茶多酚 16.2%，儿茶素总量 11.4%，咖啡碱 4.4%。适制红茶、绿茶、白茶、品质优。是制白琳工夫红茶及白毫银针、白牡丹茶的理想原料；制烘青绿茶为窨制花茶的优质原料。扦插繁殖力强，成活率高。适宜长江以南绿茶区及白茶区推广。

2. 福鼎大毫茶　小乔木型，大叶类，早生种。二倍体。原产福建省福鼎市点头镇汪家洋村，已有百年栽培史。主要分布在福建省茶区。江苏，浙江、四川、江西、湖北、安徽等省有大面积栽培。1985 年全国茶树良种审定委员会认定为国家品种。植株高大，树姿较直立，主干明显，分枝较密，叶片水平状着生，叶形椭圆或近长椭圆，叶色绿，富光泽，叶面隆起，叶身稍内折，叶质厚脆。芽叶黄绿色，茸毛特多。一芽三叶百芽重 104 克。芽叶生育力和持嫩性较强。生长期长，每亩产茶可达 200～300 千克。春茶一芽二叶约含氨基酸 3.5%，茶多酚 25.7%，儿茶素总量 18.4%，咖啡碱 4.3%。适制红茶、绿茶、白茶。扦插繁殖力强，成活率高。适宜长江以南红茶、绿茶和白茶区推广。

3. 铁观音　又名红心观音、红样观音、魏饮种。灌木型，中叶类，晚生种。二倍体。原产福建省安溪县西坪镇松尧，已有200多年栽培史。主要分布在福建南部、北部乌龙茶茶区。福建东部及西部、广东、台湾等乌龙茶茶区有引种。1985年全国茶树良种审定委员会认定为国家品种。植株中等，树姿开张，分枝稀，叶片水平状着生。叶形椭圆，叶色深绿，富光泽，叶面隆起，叶缘波状，叶质厚脆。芽叶绿带紫红色，茸毛较少。一芽三叶百芽重60克。芽叶生育力和持嫩性较强，发芽较稀。每亩产茶可达100千克左右。春茶一芽二叶约含氨基酸3.6%，茶多酚22.1%，儿茶素总量12.2%，咖啡碱4.1%。适制乌龙茶，绿茶。制乌龙茶，品种优异，具独特的香味，俗称"观音韵"扦插繁殖力与成活率一般。适宜在乌龙茶区推广。

4. 黄棪　又名黄金桂、黄旦。小乔木型，中叶类，早生种。二倍体。原产福建省安溪县虎邱镇罗岩美庄，已有百年以上栽培史。主要分布福建南部，现福建各茶区及广东、江西、浙江、江苏、安徽、湖北、四川等省有较大面积引种。1985年全国茶树良种审定委员会认定为国家品种。植株中等，树姿较直立，分枝较密，叶片稍上斜状着生。叶色黄绿，富光泽，叶面微隆起，叶质较薄软。芽叶黄绿色，茸毛较少。一芽三叶百叶重59克，芽叶生育力强，发芽密，持嫩性较强。每亩产茶可达150千克左右。春茶一芽二叶约含氨基酸4.6%，茶多酚14.7%，儿茶素总量10.5%，咖啡碱3.3%。适制乌龙茶，品种优异，香气芬芳，俗称"透天香"。亦宜制红茶、绿茶。扦插繁殖力较强。适宜在乌龙茶区推广。

5. 福建水仙　又名武夷水仙、水吉水仙。小乔木型，大叶类，晚生种。三倍体。原产福建省建阳市小湖乡大湖村，已有百年以上栽培史。主要分布在福建北部、南部。现福建各茶区及台湾、浙江、安徽、广东、湖南、四川等省有引种。1985年茶树良种审定委员会认定为国家品种。植株高大，树姿半开张，主干明显，分枝稀，叶片水平状着生。叶形椭圆，叶色深绿，富光泽，叶面平，叶缘平，叶身平，叶质厚而硬脆。芽叶淡绿色，茸毛多，节间长。一芽三叶百芽重112克。芽叶生育力和持嫩性较强，发芽稀。每亩产茶可达150千克左右。春茶一芽二叶约含氨基酸2.6%，茶多酚25.1%，儿茶素总量16.6%，咖啡碱4.1%。适制乌龙茶，品质优。亦宜制红茶、绿茶、白茶。扦插繁殖力强，成活率高。适宜在长江以南乌龙茶区、白茶区和红茶区、绿茶区推广。

6. 黔湄502 又名南北红。小乔木型，大叶类，中生种。二倍体。由贵州省茶叶研究所以凤庆大叶茶×宣恩长叶茶杂交育种方法1965年育成。主要分布在贵州南部、西南部以及遵义、铜仁、安顺等地。四川省的筠连、雅安和重庆市的璧山、永川以及广东、广西、湖南、福建等省（自治区）有引种。1987年全国茶树良种审定委员会认定为国家品种。植株较高大，树姿开张，叶片水平状着生，叶片大，叶形椭圆，叶色深绿，叶面隆起，叶缘波状。芽叶绿色、肥壮，茸毛粗而多，一芽三叶百芽重84克。芽叶生育力强。每亩产茶可达400千克左右。春茶一芽二叶约含氨基酸1.1%，茶多酚37.3%，儿茶素总量23.1%，咖啡碱3%。适制红茶、绿茶。扦插繁殖力强。适宜在西南和江南南部茶区推广。

7. 楮叶齐 灌木型，中叶类，中生种。二倍体。由湖南省茶叶研究所从安化群体品种中单株育种1974年育成。湖南各茶区有栽培，安徽、湖北、江西、四川等省有较大面积引种。1987年全国茶树良种审定委员会认定为国家品种。植株较高大，树姿半开张，分枝部分较高，叶片上斜状着生。叶形长椭圆，叶质较柔软，芽叶黄绿色。一芽三叶百芽重70克。芽叶生育力和持嫩性强。每亩产茶可达200千克左右。春茶一芽二叶约含氨基酸2.4%，茶多酚26.6%，儿茶素总量17%，咖啡碱5%。适制红茶、绿茶。扦插繁殖力强。适宜在江西红茶、绿茶区推广。

8. 安徽 7 号　灌木型，中叶类，中生种。二倍体。由安徽省茶叶研究所从祁门群体品种中单株育种法 1978 年育成的。主要分布在安徽茶区。江西，河南、江苏、湖北等省有引种。1987年全国茶树良种审定委员会认定为国家品种。植株适中，树姿直立，分枝密，叶片上斜状着生。叶形椭圆，叶色深绿，有光泽，叶面微隆起，叶身稍内折，叶缘平，叶质较厚脆。芽叶淡绿色，茸毛中等。一芽三叶百芽重 47 克。芽叶生育力强。每亩产茶可达 300 千克左右。春茶一芽二叶约含氨基酸 3.5%，茶多酚24.4%，儿茶素总量 9.9%。适制绿茶，品质优，扦插繁殖力强。适宜长江南北绿茶区推广。

9. 龙井 43　灌木型，中叶类，特早生种。二倍体。由中国茶叶研究所从龙井群体品种中单株育种法 1978 年育成。浙江、江苏、安徽、江西、河南、湖北等省有大面积栽培。1987 年全国茶树良种审定委员会认定为国家品种。植株中等，树姿半开张，分枝密，叶片上斜状着生。叶形椭圆，叶色深绿，叶面平，叶身平稍内折，叶质中等。芽叶纤细，绿稍黄色，春梢基部有一淡红点，茸毛少。一芽三叶百芽重 39 克。芽叶生育力强，发芽整齐，耐采摘，持嫩性较差。每亩产茶可达 280 千克左右。春茶一芽二叶约含氨基酸 3.7%，茶多酚 18.5%，儿茶素总量12.1%，咖啡碱 4%。适制绿茶，品质优，是西湖龙井茶的理想原料。扦插繁殖力强，成活率高。适宜长江南北绿茶区推广种植。

10. 龙井长叶　灌木型，中叶类，平生种。二倍体。由中国茶叶研究所从龙井群体品种中经系统选种法 1987 年育成。主要分布浙江、江苏、安徽、山东等省。1994 年全国农作物品种审定委员会茶树良种专业委员会审定为国家品种。树株适中，树姿较直立，分枝较密，叶片水平状着生。叶形长椭圆，叶色绿，叶身平，叶缘微波，叶质中等。芽叶淡绿色，茸毛中等。一芽三叶百芽重 36 克。芽叶生育力和持嫩性强。每亩产茶可达 200 千克左右。春茶一芽二叶约含氨基酸 4.1％，茶多酚 18.6％，儿茶素总量 16.4％，咖啡碱 3.0％。适制绿茶，是高档龙井茶理想原料。适应性强，扦插繁殖力强。适宜长江南北绿茶区种植推广。

11. 白毫早 灌木型，中叶类，早生种。二倍体。由湖南省茶叶研究所从安化群体品种中系统选种法 1992 年育成。主要在湖南茶区栽培。江西、湖北、河南、安徽等省有引种。1994 年全国农作物品种审定委员会茶树良种专业委员会定为国家品种。树姿半开张，叶片稍上斜状着生。叶形长椭圆，叶色绿，叶面平。芽叶淡绿色，茸毛多，一芽三叶百芽重 72 克。芽叶生育力强，生长速度快。每亩产茶可达 420 千克左右。春茶一芽二叶约含氨基酸 4.1％，茶多酚 24.1％，儿茶素总量 17.4％，咖啡碱 4.4％。适制绿茶、品质优良。抗性强。扦插繁殖力强。适宜江南绿茶区推广。

12. 宜红早 灌木型，中叶类，早生种。二倍体。由湖北省宜昌县农业局从宜昌大叶群体品种系统选种法 1987 年育成，1998 年全国农作物品种审定委员会茶树良种专业委员会审定为国家品种。树姿半开张，嫩枝茸毛较多，叶片水平状着生。叶形长椭圆，叶色绿，叶身平，叶质厚软。芽叶黄绿色，茸毛较多。一芽三叶百芽重 59 克。芽叶生育力强。每亩产茶可达 175 千克左右。春茶一芽二叶约含氨基酸 3.5％，茶多酚 28.3％，儿茶素总量 24.3％，咖啡碱 5.9％。适制红茶、绿茶。是峡州碧峰茶理想原料。扦插繁殖力强。适宜江南绿茶区推广，需防倒春寒。

13. 青心乌龙 灌木型、中叶类、晚生种。原产福建省安溪县。是台湾省栽培面积最大的品种。树姿开张，分枝密。叶色深绿，具光泽，叶形长椭圆，叶质厚而柔软。嫩叶微紫色。适制乌龙茶及包种茶，品质优。是包种茶理想原料。适宜于台湾茶区推广。

14. 台茶 12 号　又名金萱。灌木型，中叶类，中生种。由台湾省茶叶改良场以台茶 8 号×硬枝红心，经有性杂交育成。树姿开张，生长势强，分枝密。叶色绿，叶形椭圆，茸毛多。一芽二叶百芽重 44 克。产量高，抗性强，耐肥性强。适制乌龙茶及包种茶，有独特香味。适宜在台湾中部茶区推广。

无性繁殖的茶树良种还有不少已在生产上推广应用的。其中有国家认定（审定）者，有省认定（审定）者。如江苏的锡茶 5 号、锡茶 10 号、锡茶 11 号等，浙江的迎霜、翠峰、劲峰、碧云、浙农 12 号、浙农 113 号、菊花春、寒绿、青峰、霜峰、乌牛早、平阳特早茶等，安徽的安徽 1 号、安徽 3 号、杨树林 783、皖农 95 号、波毫、舒茶早等，福建的福安大白茶、梅占、政和大白茶、毛蟹、本山、乌龙、奇兰、桃仁、福云 6 号、福云 10 号、八仙茶等，江西的上饶大面白、上梅洲种、宁州 1 号、宁州 2 号、赣茶 1 号等，河南 10 号等，湖北的鄂茶 1 号等，湖南的高芽齐、槠叶齐 12 号、尖波黄 13 号、高桥早、东湖早、涟茶 2 号等，广东的英红 1 号、岭头单枞、乐昌白毛 1 号等，广西的桂红 3 号、桂红 4 号等，四川的蜀永 1 号、蜀永 2 号、蜀永 3 号、蜀永 307 号、蜀永 703 号、蒙山 11 号等，贵州的黔湄 419 号、黔湄 601 号、黔湄 701 号等，云南的云抗 10 号、云抗 14 号、云抗 37 号等，台湾的台茶 1 号、台茶 2 号、台茶 3 号、台茶 4 号、台茶 5 号、台茶 6 号、台茶 7 号、台茶 8 号、台茶 9 号、台茶 10 号、台茶 11 号、台茶 13 号、台茶 14 号、台茶 15 号等。

第四节　名枞与珍稀品种

1. 大红袍　武夷四大名枞之一。无性系。灌木型，小叶类，晚生种。二倍体。原产福建省武夷山市天心岩九龙窠。福建武夷山内山有较多种植。植株较小，树姿半开张，分枝较密，叶小，叶色深绿，叶形椭圆，叶质厚脆，芽叶深绿带微紫色，茸毛尚多。春茶一芽二叶约含氨基酸 3.3%，茶多酚 24.8%，儿茶素总量 18.2%，咖啡碱 4.2%。制乌龙茶，品质特优。具"岩韵"，誉为"茶中之王"。扦插繁殖力强。成活率高，适宜在武夷山乌龙茶区种植。

2. 白鸡冠 武夷四大名枞之一。无性系。小乔木型，中叶类，晚生种。二倍体。原产福建省武夷山市火焰峰下之外鬼洞。主要分布在武夷山内山，现市内已扩大栽培。植株较高大，树姿半开张，分枝较密。叶形长椭圆，叶色浓绿，具光泽，叶质较厚脆，茸毛少。一芽三叶百芽重 57 克。春茶一芽二叶约含氨基酸 3.5%，茶多酚 28.2%，咖啡碱 2.9%。制乌龙茶，品质优。抗性较强，适宜在武夷山乌龙茶区种植。

3. 铁罗汉 武夷四大名枞之一。无性系。小乔木型，中叶类，晚生种。二倍体。原产福建省武夷山市慧苑岩之内鬼洞。相传宋代已有铁罗汉名，为最早的武夷名枞。武夷山市已扩大栽培。植株较高大，树姿半开张，分枝较稀。叶形椭圆，叶色绿，有光泽，叶质较厚脆。芽叶黄绿色。一芽三叶百芽重 42 克。芽叶生育力和持嫩性较强。产量高。春茶一芽二叶约含氨基酸 2.9%，茶多酚 29.7%，儿茶素总量 15.3%，咖啡碱 5.1%。适制乌龙茶，品质优，显"岩韵"。亦适制绿茶、红茶。扦插繁殖力强。适宜在武夷山乌龙茶区种植。

4. 水金龟 武夷四大名枞之一。无性系。灌木型，中叶类，晚生种。二倍体。原产福建省武夷山市牛栏坑葛寨峰之半崖，相传清末已有此名，武夷山市已扩大栽培。植株中等，树姿半开张，分枝较密，叶片水平状着生。叶形长椭圆，叶色绿，有光泽，茸毛较少。芽叶生育力和持嫩性较强，春茶一芽二叶约含氨基酸 2.3％，茶多酚 28.8％，咖啡碱 3.9％。适制乌龙茶，品质优，显"岩韵"。抗性强。扦插繁殖力强，适宜在武夷山乌龙茶区种植。

5. 半天腰　又名半天夭、半天妖。武夷山名枞。无性系。灌木型，中叶类，晚生种。二倍体。原产福建省武夷山市三花峰之第三峰绝对崖上，相传清末已有此树。植株较高大，树姿半开张，分枝密，叶片呈水平状着生。叶形长椭圆，叶色深绿，富光泽，叶身稍内折，叶质较厚脆。芽叶紫红色，少茸毛。芽叶生育力强，发芽密，一芽三叶盛期在 4 月下旬。春茶一芽二叶约含氨基酸 3.6％、茶多酚 30.5％、咖啡碱 3.7％。制乌龙茶，品质优异，香气似蜜香，显"岩韵"。抗旱性与抗寒性强。扦插繁殖力强，成活率高。适宜在武夷山或自然环境相似的乌龙茶区种植。

6. 凤凰单枞　无性系。小乔木型，中叶类，中生或晚生种。二倍体。原产广东省潮安县凤凰茶区，为珍贵名枞。相传植于南宋末期，就有此名，今有老名枞 4 株，距今已有 700 多年。由于制成乌龙茶的香气各具特点，将凤凰单枞以其香型分为十大香型单枞：

（1）黄枝香单枞。植株高大，树姿开张，树高 5.8 米，树幅 6.8 米，主干离地面 0.3 米处径周长 1.65 米，为宋代老名枞之一，树龄 700 多年，为凤凰茶王。主产地为凤凰茶区康美田寮埔。制乌龙茶，品质特优，天然黄栀子花蜜香，显"特韵"。老枞单株产春茶最高 8.4 千克。后代芽叶生育力中等。乌紫宋茶、石古坪黄枝香、田寮埔粗香、幼香、二茅黄枝香、柿叶、大仙叶、拔仔叶、尖叶、黄茶香、佳常种等茶名均归属于黄枝香单枞香型。

（2）芝兰香单枞。植株高大，树姿开张，树高 5.9 米，树幅 7 米，主干距地面 0.3 米处周长 1.85 米，是宋代中株老名枞之一。主产地为凤凰茶区凤溪二茅。制乌龙茶，品质特优，具细锐芝兰花香，显"特韵"。老枞单株产春茶最高 9.9 千克，后代产量较高。乌崇文建林古茶树（瓦厂）、八仙、兄弟茶、棕蓑挟、油茶叶、杨梅香、橘仔叶、崩山种、贡香、丝线、向东种、坎脚种、仙豆叶、盖山香、鲫鱼叶等茶名均属芝兰香单枞香型。

（3）桂花香单枞。植株高 2.9 米，树幅 2.3 米，主干离地面 0.3 米处径周长 0.46 米。母树有 300 多年历史。主产地为凤凰茶区凤溪二茅。制乌龙茶，有桂花香。桂花叶、群体、鸡笼刊等茶名属桂花香单枞香型。

（4）杏仁香单枞。植株高 3.5 米，树幅 4.5 米主干距地面 0.3 米处径周长 0.52 米，制乌龙茶，具杏仁香。锯剁仔、大庵杏仁、成广桃仁等茶名属杏仁香单枞香型。

（5）蜜兰香单枞。植株高大，树高 4.4 米，树幅 6.3 米，近地面处分生 8 个分枝，最大的一个距地面 0.3 米处径周长为 0.52 米。也是宋代老名枞之一。距今有 700 多年。主产地为凤凰镇，其后代分布 1 000 米高山。制乌龙茶，品质优异，有明显甘薯蜜香。显"蜜韵"。白叶单枞、番薯香等茶名属蜜兰香单枞香型。

（6）姜花香单枞。树高 3.9 米，树幅 4.3 米，主干距地面 0.3 米处径周长 1.1 米，相传植于明代，距今 400 多年。主产地为凤凰茶区凤溪二茅。老枞单株产春茶 1 公斤，后代产量中等。制乌龙茶，有明显的姜花"特韵"。山茄叶、竹叶、通天香、大胡镇、团树叶、水路仔、雷扣柴、火辣种、姜母香、大乌叶、海底捞针、蟑螂翅等茶名属姜花香单枞香型。

（7）肉桂香单枞。树高 3.2 米，树幅 3.5 米，主干距地面 0.3 米处径周长 1.43 米。100 多年已有此名、主产地为凤凰茶区凤溪二茅。制乌龙茶，显肉桂香味，"山韵"突出。蛤古捞、过江龙等茶名属肉桂香单枞香型。

（8）夜来香单枞。主干明显，树高 5 米，树幅 4.3 米，主干距地面 0.3 米处径周长 0.86 米。主产地为凤凰茶区凤西丹湖。制乌龙茶，具有自然的夜来香花香，陂头种等茶名属夜来香单枞香型。

（9）玉兰香单枞。植株高 2.8 米，树幅 3 米，主干距地面 0.3 米处径周长 0.7 米。母树距今 200 多年。主产地为凤凰茶区凤北苦竹坑、福北官目石。广东罗定、英德有引种。制乌龙茶，玉兰花香气明显，连泡十几次香气犹存。官目石玉兰、凤北蜜兰等茶名属玉兰香单枞香型。

（10）茉莉香单枞。树高 3.4 米，树幅 3.4 米，主干距地面 0.3 米处径周长 1.43 米。主产地为凤凰茶区凤溪二茅。制乌龙茶，具有茉莉花香。

7. 涟源奇曲 无性系。灌木型，中叶类，中生种。二倍体。为自然变异体。由湖南省涟源县茶叶示范场从当地茶树群体中选育。植株较矮，树姿开张，新梢和枝干弯曲成 S 形，叶片水平或下垂状着生。叶形长椭圆，叶身强内折，叶面微隆起，叶缘微波，叶质较软。芽叶黄绿色，茸毛少。可作庭院盆栽，供观赏。亦能采制绿茶。

8. 筒绮 无性系，灌木型，中叶类，中生种。二倍体。原产福建省安溪县城内蔡奕安宅院，为自然变异体。植株中等，树姿半开张，叶片呈水平状着生。叶形多变态，有单叶双主脉，同叶柄双叶、三叶或多叶，单叶片形有椭圆、卵圆、扇状、畸形等。芽叶淡黄绿色，茸毛少，常有双芽或多芽合一，亦有分叉的双芽或多芽体。节间长短不一，有轮生状的二叶或三叶同生一节，宜作庭院盆景栽植，亦适制乌龙茶、红茶、绿茶。

我国人工栽培茶树之外，在云南、广东、广西、贵州、湖南、四川、重庆、江西、台湾等省（自治区、直辖市）、先后发现有野生大茶树，云南还有大面积的 1 000 年以上古茶树林，为利用野生资源提供条件。如云南的澜沧大茶树、巴达大茶树、金平大茶树、元江野茶、镇康大山茶、龙陵大茶树、广南野茶、镇康大山茶、邦崴大茶树、峨毛茶、师宗大茶树、振太大茶树、南糯山大茶树、腾冲野茶等；广西的会朴大茶树、巴平大茶树、凤凰大茶树，中东野生大茶树，白牛茶等；贵州的赤水大茶树、桐梓大树茶、道真大茶树，晴隆苦茶等；四川的筠连大茶树、黄荆大茶树、筠连大母树等；重庆的綦江大茶树、江津大茶树等；广东的乳源苦茶、连南大叶茶、沿溪山白毛茶等；湖南的江华苦茶、汝城白毛茶、城步峒茶等；江西的中流苦茶、赤水野茶、寻乌苦茶等；海南的黄竹坪野茶等。

下篇

茶叶制造和茶叶检验

第七章
茶叶制造总论

第一节　茶叶命名与茶叶分类

中国茶区广阔，茶树品种资源丰富。有的品种只适制某一种茶，有的品种能适制两三种以上的茶。不同品种，制茶品质不同。茶树品种多，茶叶种类也多。

茶树生长的环境不同，南方和北方，丘陵和山地，低山和高山，还有不同土壤，都影响茶叶品质。

制茶过程中各种技术条件，对茶鲜叶"改形变质"的影响不同，成品茶外形内质千差万别。

中国现在有数百种主要茶叶产品，按属性进行命名和分类，对于认识和利用茶叶具有重要的意义。

一、茶叶命名

茶叶产品的命名到目前为止，尚无统一标准。

以产地为茶名，如衡山茶、鸠坑茶、夷陵茶、紫阳茶、剡溪茶、庐山茶、歙州茶、邛州茶、泸州茶等，这些都是唐代茶名。

以茶树品种名为茶名，如横纹茶、铁观音、水仙、黄棪、肉桂等。

以茶叶色香味特征特性为茶名，如绿茶（绿色绿汤）、红茶（红褐色红汤）；绿雪、绿霜、黄芽、紫笋、黄汤、雪芽、白芽、辉白；真香、香芽、十里香、兰花、香橼；苦茶、绿豆绿、桃仁等。

以茶叶外形特征为茶名，如饼茶、散茶、碎茶；雀舌、龙芽、莲心、麦颗、蜂翅、瓜片、银针、银梭；珍眉、珠茶、雨茶、毛尖、毛峰、菊花茶、绿牡丹等。

以采茶季节为茶名，如明前、雨前、春尖、谷花、秋香、冬片、骑火等。

以制茶工艺为茶名，如炒青、蒸青、烘青、火（焙）青、窨花茶、工夫茶等。

以茶叶销路为茶名，如外销茶、内销茶、侨销茶、边茶、腹茶等。

以人名为茶名，如熙春、大方、文君花茶等。

制法相同，色香味形相似的茶叶，用同一茶名。茶名相同，制法相似、色香味形也相似，为了区别和识别，茶名前多冠以地名。如屯绿、婺绿、遂绿、舒绿、温绿、杭绿；祁红、滇红、宁红、闽红、川红；黄山毛峰、九华毛峰、兰溪毛峰、缙云毛峰；鸠坑毛尖、信阳毛尖、都匀毛尖、古丈毛尖；西湖龙井、大佛龙井、碧口龙井、湄江龙井。

许多名优茶的命名十分文雅，念起来也很好听，文化氛围很浓。如南山寿眉、惊春灵芽、雪水云绿、千岛玉叶、金山时雨、天华谷尖、白毫银针、灵岩剑峰、雪里青、雾里青、仰天雪绿、天堂云雾、神农奇峰、高桥银峰、岭头奇兰、凌云白毛、巴山雀舌、蒙顶甘露、神笔咏春、中八香翠、苍山雪绿、珠峰圣茶、汉水银梭、秦巴雾毫等。

茶叶命名标准化，应该是指外销、内销的主要茶叶产品名称、茶类名称标准化的基础上，完善茶叶产品标准。至于各地生产的名优茶，当属文化产品，看来还是保持它的地方特色和多样性为好。

二、茶叶分类

茶品繁多、品质各异，分门别类，按属性聚分，以便于识别。

唐代蒸青饼茶，分粗茶、散茶、末茶、饼茶四种。

宋代由蒸青团茶发展到蒸青散茶，按外形不同，分片茶、散茶、腊面茶。

元代团茶逐渐被淘汰，散茶按鲜叶嫩度不同，分芽茶、叶茶。

明清年间，发明红茶、黄茶、黑茶、青茶、白茶、花茶。曾有以产地、销路、制法、品质、季节等划分聚类。

20 世纪 60 年代安徽农学院茶业系陈椽教授在前人茶叶分类的基础上，通过比较、分析、综合，以茶叶品质为划分标准，把茶叶品质与制茶方法结合来，发明了六大茶类分类法。

鲜叶加工过程，内质发生变化，黄烷醇类氧化比较明显，且具有一定的代表性，依其氧化程度为序，分绿茶类、黄茶类、黑茶类、青茶（乌龙茶）类、白茶类、红茶类。列于表 7-1。

表 7-1　六大茶类黄烷醇类总含量比较

单位：毫克/克，%

茶　类	黄烷醇类总含量		
	鲜　叶	毛　茶	减少比重
绿　茶	158.38	108.71	31.36
黄　茶	148.39	55.85	63.04
黑　茶	141.82	38.68	72.73
白　茶	247.94	56.08	76.83
青　茶	142.57	37.91	73.41
红　茶	147.93	3.70	97.59

以下是陈椽茶叶分类的具体方案，甲是"纲"，根据外形品质的特点；乙是"目"，根据各茶类各种不同的制法特点；丙是

"种"，根据各茶类的外形内质的特点。

甲1　绿茶分类

乙1　炒青茶类

丙1　圆条形——珍眉、雨茶、毛峰、毛尖、碧螺春、银峰、七星茶（罗源）、清水茶（宁德天山）、郁雾茶（古田白溪）、苦茶（宁德虎浿）

丙2　圆球形——珠茶、玉绿茶（日本）、泉岗辉白、涌溪火青

丙3　不定形——贡熙、特贡、熙春

丙4　片形——瓜片、秀眉、芯眉

丙5　针形——松针、雨花茶、庐山云雾、信阳毛尖

丙6　扁条形——龙井、大方、旗枪

丙7　尖条形——猴魁、贡尖、魁尖（奎尖）

丙8　花形——菊花茶

乙2　蒸青茶类

丙1　圆条形——苏联绿茶、日本眉茶

丙2　圆珠形——日本玉绿茶

丙3　不定形——日本、印度的贡熙和副熙

丙4　片形——日本碾茶、印度秀眉

丙5　针形——恩施玉露、日本玉露、日本煎茶

丙6　椎脊形——广西巴巴茶

乙3　窨花茶类

丙1　茉莉花茶——茉莉烘青、三窨茉莉、重窨茉莉

丙2　白兰花茶——白兰烘青

丙3　珠兰花茶——珠兰毛峰、珠兰三角、珠兰大方、珠兰烘青

丙4　杂花花形——玳玳花茶、柚花花茶

乙4　蒸压茶类

丙1　方茶——普洱方茶

丙 2　圆面包形——沱茶

丙 3　四角方形——四川毛尖、四川芽细

丙 4　圆饼形——小饼茶、香茶饼

甲 2　黄茶分类

乙 1　炒青茶类

丙 1　揉前堆积闷黄——台湾黄茶、沩山白毛尖

丙 2　揉后堆积闷黄——黄汤

丙 3　揉后久摊闷黄——远安鹿苑、蒙顶黄芽、菊花茶

丙 4　毛火后堆积闷黄——黄大茶、黄芽、莲芯

丙 5　纸包足火闷黄——君山银针

乙 2　蒸青茶类

揉前堆积闷黄——沩山白毛尖

甲 3　黑茶分类

乙 1　湿坯渥堆做色茶类

丙 1　蒸压篓包——天尖、贡尖、生尖

丙 2　蒸压定型——黑砖茶、花砖茶、花卷茶

乙 2　干坯沤堆做色茶类

丙 1　散茶——老青茶、苏联老茶

丙 2　蒸压成型——紧茶、圆茶（七子饼）、沱茶、砖茶、方茶

丙 3　蒸压篓包——六堡茶

乙 3　成茶堆积再做色茶类

丙 1　蒸压——康砖茶、金尖、四川茯砖茶、青砖茶

丙 2　炒压——方包茶、安化茯砖

甲 4　白茶分类

乙 1　全萎凋茶类

丙 1　芽茶——政和银针、福鼎白琳银针

丙 2　叶茶——政和白牡丹

乙 2　半萎凋茶类

丙1　芽茶——白琳银针、土针、白云雪芽

丙2　叶茶——水吉白牡丹、贡眉、寿眉

甲5　青茶分类

乙1　筛青做青茶类

丙1　岩茶——大红袍、铁罗汉、单枞奇种、名枞奇种、岩茶水仙

丙2　洲茶——奇种、小种

丙3　山茶——闽北水仙、闽北乌龙

乙2　摇青做青茶类

丙1　闽南青茶——铁观音、乌龙、色种、梅占、奇兰

丙2　台湾青茶——包种、椪风乌龙、台湾铁观音

丙3　广东青茶——凤凰单枞、浪菜、凤凰水仙

乙3　萎凋做青茶类

丙1　散茶——莲芯、白毛猴（白毫莲芯）、苏联青茶

丙2　束茶——龙须

乙4　窨花茶类

丙1　散茶——桂花花茶、树兰花茶、栀子花茶

丙2　团茶——龙团香茶

甲6　红茶分类

乙1　小种红茶

丙1　湿坯熏蒸——正山小种（星村小种）

丙2　毛坯熏蒸——工夫小种（坦洋小种、政和小种）

乙2　工夫红茶

丙1　叶茶——祁门工夫、政和工夫、白琳工夫、坦洋工夫、台湾工夫、宁州工夫、宜昌工夫、湖南工夫

丙2　芽茶——金芽、紫毫、红梅（红龙井）、君眉

丙3　片茶——正花香、副花香

乙3　分级红茶

丙 1　叶茶——白毫、橙黄白毫、白毫小种

丙 2　细茶——细白毫、细橙黄白毫、花细橙黄白毫、花香

乙 4　切细红茶

丙 1　半叶茶——白毫、橙黄白毫

丙 2　红叶茶——细白毫、细橙黄白毫

丙 3　碎片——花香、碎橙黄白毫花香、白毫花香

乙 5　窨花红茶

丙 1　散茶——玫瑰红茶、茉莉红茶

丙 2　团茶——香茶饼

乙 6　蒸压红茶

丙 1　砖茶——米砖茶、小京砖茶

丙 2　团茶——凤眼香茶茶

陈椽分类法问世已逾半个世纪，目前作为一种科学分类法，已为国内外茶界认同。

六大茶类的划分，类上聚类，类下分类，聚分的标准，在"纲"这一级是清晰的、科学的，而二、三级（目和种）的聚分标准就存在一定局限性。

制茶是鲜叶"失水改形变质"成为茶叶的过程。以下是六大茶类的基本工艺流程图。

从多酚类物质氧化的角度可划分为酶促氧化下"失水改形变质"过程（宋体字工序）和非酶促条件下"失水改形变质"过程（黑体字工序）。

绿 茶	萎凋	**杀青**	**揉捻**		**干 燥**
黄 茶	萎凋	**杀青**	**揉捻**	**闷黄**	**干 燥**
黑 茶	萎凋	**杀青**	**揉捻**	**渥堆**	**干 燥**
青 茶	萎凋	做青	**杀青**	**揉捻**	**干 燥**
白 茶			萎凋		**干 燥**
红 茶	萎凋	揉捻	发酵		**干 燥**

各类茶叶加工始于萎凋，终于干燥。

绿茶、黄茶、黑茶的"萎凋"，通常称为"轻萎凋"或"贮青""摊青"，就制茶技术条件和鲜叶"变质"方向来说与红茶、白茶、青茶的萎凋并无质的不同，只有程度上的差异。

绿茶、黄茶、黑茶杀青后干燥前都存在非酶促氧化的条件，多酚类物质都有非酶促氧化的可能。只是绿茶的"质变"程度很轻，黑茶的"质变"程度最重，黄茶介于二者之间。黄茶如果"闷黄"程度很轻，和绿茶的色香味差异不显著，就可能"黄绿难辨"。

有些高山优质鲜叶，色泽金黄，制茶色泽也偏黄，如特级霍山黄芽的黄绿色，特级黄山毛峰的象牙色。绿茶杀青后干燥前的在制品如果堆积时间太长，制茶色泽偏黄。有人戏称："绿茶比黄茶还黄，黄茶比绿茶还绿。"

霍山黄芽之名始于唐代，这"黄芽"是指鲜叶特征。安吉白茶之名始于当代，这"白茶"也是指鲜叶特征。一黄一白，两者都是绿茶，因为其基本工艺流程都是绿茶制法。

青茶制法，前似红茶，后似绿茶。如果晒青做青程度很轻，色香味近似绿茶（不是绿茶），如果晒青做青程度很重，色香味近似红茶（不是红茶）。绿茶杀青前模仿青茶做青制法，但程度很轻（恰到好处），以改进香味（仍属绿茶）。

青茶和白茶的顺序，按黄烷醇类的氧化程度来看，应是青茶类→白茶类→红茶类。从香味和风味来看，白茶亦较接近红茶。

目前台湾、闽南乌龙茶做青发酵程度很轻，黄烷醇类氧化的量也少，香味和风味较接近绿茶，但仍属乌龙茶类。

综上所述，茶叶制法和制法特点，与茶叶品质和品质特点密切相关，两者是因果关系。陈椽茶叶分类法的科学性就在这里。

与制茶工艺相比，茶树品种和生态环境对茶叶品质和品质特点的影响是次要的，不能作为分类的主要依据。

除了六大茶类分类法，目前在茶叶经济统计中将茶叶分绿茶、红茶、乌龙茶、紧压茶、其他茶五类。黑茶属紧压茶类，花茶因多为绿茶窨制而归绿茶类。两种分类法，没有矛盾。只是划分标准不同，各有各的用途。

下面是 2011 年 4 月出版的中等职业教育教材《茶叶加工技术》中的茶叶分类方案，基本茶类和再加工茶类的划分，简明扼要，可供参考。

中国茶叶
- 基本茶类
  - 绿茶
    - 炒青绿茶
      - 眉茶（炒青、特珍、珍眉、雨茶、秀眉、贡熙等）
      - 珠茶（珠茶、涌溪火青、泉岗辉白等）
      - 细嫩炒青（龙井、大方、碧螺春、松针等）
    - 烘青绿茶
      - 普通烘青（闽烘青、浙烘青、徽烘青等）
      - 细嫩烘青（黄山毛峰、太平猴魁、华顶云雾等）
    - 晒青绿茶（滇青、川青、陕青等）
    - 蒸青绿茶（煎茶、玉露等）
  - 红茶
    - 红茶小种红茶（正山小种、烟小种等）
    - 工夫红茶（滇红、祁红、川红、闽红等）
    - 红碎茶（叶茶、碎茶、片茶、末茶）
  - 乌龙茶（青茶）
    - 闽北乌龙（武夷岩茶、水仙、大红袍、肉桂等）
    - 闽南乌龙（铁观音、奇兰、水仙、黄金桂等）
    - 广东乌龙（凤凰单枞、凤凰水仙、岭头单枞等）
    - 台湾乌龙（冻顶乌龙、包种、乌龙等）
  - 白茶
    - 白芽茶（银针等）
    - 白叶茶（白牡丹、贡眉等）
  - 黄茶
    - 黄芽茶（君山银针、蒙顶黄芽等）
    - 黄小茶（北港毛尖、伪山毛尖、温州黄汤等）
    - 黄大茶（霍山黄大茶、广东大叶青等）
  - 黑茶
    - 湖南黑茶（安化黑茶等）
    - 湖北老青茶（蒲圻老青茶等）
    - 四川边茶（南路边茶、西路边茶等）
    - 滇桂黑茶（普洱茶、六堡茶等）
- 再加工茶类
  - 花茶（茉莉花茶、珠兰花茶、玫瑰花茶、桂花茶等）
  - 紧压茶（黑砖、茯砖、方茶、饼茶等）
  - 萃取茶（速溶茶、浓缩茶等）
  - 果味茶（荔枝红茶、柠檬红茶、猕猴桃茶等）
  - 药用保健茶（减肥茶、杜仲茶、甜菊茶等）
  - 含茶饮料（茶可乐、茶汽水等）

第二节 鲜 叶

"茶叶是在茶园里制成的。"鲜叶是茶叶品质的物质基础,鲜叶是制定合理的制茶技术措施的依据。了解鲜叶的特征特性,科学地指导鲜叶采摘和加工,才能充分发挥它的经济价值。

鲜叶是指符合制茶要求的茶树新梢。又称"茶鲜叶""茶青""茶草""生叶"。

鲜叶的规格有:单芽、1 芽 1 叶、1 芽 2 叶、1 芽 3 叶、1 芽 4 叶等;芽是已经分化成叶,但尚未展开,层层相抱。芽的长约 1～3 厘米,依嫩叶展开程度不同,有叶抱芽(俗称雀嘴)、1 芽 1 叶初展、1 芽 1 叶开展;1 芽 2 叶初展等。嫩梢顶端形成驻芽时,1、2 叶间节间很短,叶片相对,称对夹叶,有对夹二叶、对夹三叶、对夹四叶等。对夹叶的嫩度又有"小开面""中开面""大开面"之分(第一叶大小分别为第二叶的 1/3、2/3 和大小相当)。茶树生长势旺盛,新梢一次(一轮)可生长发育出 6～7 个叶片;树势衰老,新梢抽出即形成对夹叶。对夹 2 叶的嫩度多不及 1 芽 3 叶。由于采摘原因,鲜叶中还有单片、鱼叶、梗蒂、茶果、老叶及非茶夹杂物。

一、鲜叶的形态特征

1. 鲜叶大小形状 鲜叶依叶片的长度,有大叶种、中叶种、小叶种之分,按成熟老叶长度,10 厘米以上称大叶种,5 厘米以下称小叶种,5～10 厘米称中叶种,小叶种极少,制茶学上只有大叶种与中小叶种之分。

鲜叶的形状,有卵圆形、倒卵圆形、椭圆形、长椭圆形、披针形、倒披针形、柳叶形等,制茶学按叶片的长宽比(2.2)分为圆叶型和长叶型两种。长叶型适制条形、圆珠形茶品,圆叶型适制扁片形茶品。

鲜叶叶片厚度一般在 0.2 毫米左右。叶片肥厚，叶质柔软，有效成分含量多，一般地说，质量较好，但不能一概而论。

2. 梗长度　鲜叶的梗长度和节间长度与制茶品质相关。大叶种比中小叶种梗长，不同茶树品种梗长度不同。

表 7 - 2　祁门各品种的节间长度

单位：厘米

茶树品种	大叶种	楮叶种	柳叶种	早芽种	迟芽种	紫芽种	栗叶种	太平小叶种
节间长度	3.6～4.1	3.4～3.7	3.4～3.8	3.1～3.4	2.9～3.1	2.8～3.1	2.1～2.6	1.0～1.5

某些茶区有利用茶梗制出高香茶的好经验。数据表明，嫩梗中芳香物质含量丰富，其次为第一叶（表 7 - 3）。

表 7 - 3　芽叶各部位的制茶香味评分

芽叶部位	各部位数量比	香　气	滋　味
第一叶带芽	25.5	4.28	3.88
第二叶	30.9	2.11	2.00
第三叶	22.0	1.92	1.75
梗	21.6	4.96	2.70

注：全年 25 次的平均数。

化学分析资料，氨基酸特别是茶氨酸的含量，嫩梗比嫩叶多。

制茶经验证明：①梗中含有较多的能转化为茶叶香气的物质，但转化为滋味的物质较少，品饮茶梗香高味醇淡薄；②梗中水溶性有效成分高，可以随水分通过输导组织转移到叶片；③转移到叶面的有效成分，有利于香味的提高。长梗、粗老梗增加茶叶含梗量，影响外形净度。

3. 鲜叶重量　鲜叶的百芽重因茶树品种、鲜叶嫩度而异。

贵州湄潭的中小叶种，1 芽二三叶百芽重 29～37 克，福建大叶型八仙茶 1 芽 3 叶百芽重 86 克左右。安徽太平柿大茶 1 芽 2 叶百芽重 40 克左右。安徽黄山茶林场二级、三级毛峰鲜叶百芽重分别为 12.8 克、17.9 克。苏州洞庭碧螺春，芽占 21.8％、1 芽 1 叶占 71.8％，芽叶长度 20 毫米以下的占 85.15％，百芽重 3.4 克，安徽六安华山银毫百芽重 1.18 克。表 7－4 是安徽祁门群体品种的百芽重。

表 7－4　祁门群体品种鲜叶百芽重和百克个数（杨维时，1962）

单位：克，个

品　种	柳叶种	大叶种	楮叶种	紫芽种	早芽种	迟芽种	栗叶种
百芽重	81.9	43.5	28.4	32.1	29.3	31.4	27.3
百克个数	122	230	352	316	341	318	366

注：鲜叶标准为 1 芽 2 叶。

二、鲜叶的主要化学成分

茶叶的色香味，是鲜叶的化学成分及其在制茶过程中变化产物的感官反映。鲜叶中主要化学元素有碳、氢、氧、氮、磷、硫、钾、钙、镁、钠、铁、氯、硅、硒、锰、氟、铝、铜、镍、锌、钼、碘、铬、锡、钡、铍、钛、钴、溴、铷、锶等。其中水（H_2O）占鲜叶重量的 75％左右。碳、氢、氧、氮等基本元素占鲜叶干物质的 95％左右。

1. 水分　影响鲜叶水分含量的因素有芽叶部位、采摘时间、气候条件、茶树品种、栽培管理、茶树长势等。芽比第一叶水分含量多，第一叶又比第二叶多，依次递减。梗的含水率最高。例如芽 4 叶中梗的含水率 84.6％，芽的含水率 77.6％。据安徽祁门茶科所资料显示，上午 7—8 时鲜叶含水率 77.34％，下午 3—4 时鲜叶含水率 72.81％。晴天鲜叶含水率低，雾天高，雨天更高，可达 85％以上（包括表面水）。大叶种茶树鲜叶含水率高，小叶种低。

2. 多酚类化合物　鲜叶干物质中 20%～33%为多酚类化合物，其中 80%以上是黄烷醇类（儿茶多酚类），此外黄烷酮 2%～3%、黄酮醇 3%～4%，还有酚酸类、花青素和花白素。

随着鲜叶生长发育成熟老化，儿茶多酚含量下降。夏茶儿茶多酚含量比春茶多。茶树品种、气候、栽培管理等对儿茶多酚含量也有影响。

黄烷酮的某些组分，具有水溶性，与绿茶汤色有关。茶叶中花青素含量达到 0.01%，茶汤滋味苦。

3. 蛋白质和氨基酸　鲜叶干物质中 25%～35%为蛋白质。游离氨基酸占鲜叶干物质的 1%～3%，茶氨酸、谷氨酸、天门冬氨酸三种含量较多，占游离氨基酸总量的 73%～88%，其中茶氨酸占总量 50%～60%；谷氨酸占 13%～15%；天门冬氨酸占总量 10%。

不同季节，氨基酸含量不同，一般春茶比夏茶高。嫩叶比老叶高。嫩梗中氨基酸含量比芽、叶中高。嫩梗中茶氨酸的含量比芽、叶高 1～3 倍。

4. 酶　酶是植物细胞产生的具有催化功能的蛋白质。

鲜叶中酶的种类很多，与制茶过程关系比较大的有水解酶类和氧化还原酶类。在水解酶类中，淀粉酶催化淀粉水解成糊精或麦芽糖、葡萄糖。蛋白酶催化蛋白质水解成氨基酸。在氧化还原酶中，多酚氧化酶能催化多酶类化合物氧化为邻醌，并进一步氧化、聚合、缩合成有色产物。

5. 糖类　鲜叶中的多糖类，有纤维素（4%～9%）、半纤维素（3%～8%）、淀粉（0.4%～0.7%）和果胶物质（11.0%左右）等。可溶性糖类中，主要的单糖是阿拉伯糖、葡萄糖、果糖，还有半乳糖、甘露糖等。双糖中有蔗糖、麦芽糖。叁糖有棉子糖。除了水溶性果胶外，糖类的含量，都随着芽叶的成熟老化而增加。粗纤维含量可作为鲜叶嫩度的指标。可溶性糖除构成茶汤滋味外，还参与茶叶香气的形成。

6. 芳香物质　鲜叶中芳香物质含量为 $0.02\%\sim0.05\%$，有近 50 种。茶叶中芳香物质组成成分较鲜叶大为增加。红茶有 300 多种，绿茶有 100 多种。低沸点（$200℃$ 以下）芳香物质，在鲜叶叶比重很大，在制茶中大量挥发或转化，剩下微量。某些高沸点的芳香物质具有良好的香气，如苯甲醇有苹果香，苯乙醇有玫瑰花香，芳樟醇具有特殊的花香。

7. 色素　主要有叶绿素、花黄素、叶黄素、胡萝卜素和花青素。花黄素和花青素属酚类色素，叶绿素、胡萝卜素、和叶黄素属多烯色素。鲜叶中叶绿素含量为 $0.24\%\sim0.85\%$。随芽叶伸育，叶绿素含量渐增，嫩叶色黄绿，老叶深绿。茶树品种、施肥、遮阴等，都影响叶绿素含量。

8. 生物碱　主要是咖啡碱、可可碱、茶叶碱。以咖啡碱含量最多，一般为 $1\%\sim3\%$。鲜叶中咖啡碱随新梢生长而降低，梗中的含量比叶低。大叶种含量比小叶种高，夏茶比春茶高。

三、鲜叶质量指标

鲜叶质量目前用嫩度、匀度、鲜度来衡量，嫩度是主要指标。

1. 嫩度　茶树营养芽伸育成芽叶，随着叶片增多，顶端形成驻芽，叶面积扩大，叶肉增厚，叶片成熟，因纤维化角质化，叶片质地变硬。嫩度是芽叶伸育成熟程度的指标。成熟程度与嫩度呈负相关。具体地说，1 芽 1 叶初展比 1 芽 1 叶嫩，1 芽 1 叶比 1 芽 2 叶嫩；1 芽 2 叶甚至 1 芽 3 叶比对夹 2 叶嫩；明前的 1 芽 1 叶比明后 1 芽 1 叶嫩；雨前的 1 芽 2 叶比雨后的 1 芽 2 叶嫩；质地柔软的比质地硬有刺手感的嫩；白毫多的比白毫少的嫩；叶形小的比叶形大的嫩，但这只能在同一茶树品种、地域和栽培条件下，才有可比性。

随着鲜叶嫩度的变化，鲜叶化学成分的含量也发生相应的变化。

表7-5　春梢生长发育过程中化学成分的变化

化学成分	芽	一芽一叶	一芽二叶	一芽三叶	一芽四叶	一芽五叶
多酚类化合物（%）	20.30	20.54	20.59	21.39	16.95	15.88
水浸出物（%）	42.72	43.39	43.72	46.94	48.49	43.54
还原糖（%）	0.81	0.31	0.30	0.26	1.08	1.19
氨基酸（毫克/百克）	194.30	234.40	280.40	296.10	284.00	257.00
叶绿素（毫克/克）	1.25	1.44	1.70	1.99	2.41	1.54(对夹)
儿茶酚（毫克/克）	106.31	95.80	99.23	117.25	109.46	97.41

表7-6　对夹叶春梢不同叶位中化学成分的变化

化学成分	第一叶	第二叶	第三叶	第四叶	第五叶	梗
多酚类化合物（%）	16.97	20.08	18.22	16.05	12.88	10.39
水浸出物（%）	46.61	45.16	44.60	43.05	40.45	38.04
还原糖（%）	9.46	1.34	2.39	2.56	2.80	0.80
氨基酸（毫克/百克）	150.50	146.00	127.80	100.00	94.70	147.20
叶绿素（毫克/克）	1.50	2.09	2.13	2.17	2.06	—
儿茶酚（毫克/克）	124.25	112.58	101.45	88.48	—	62.94

国内外研究表明，许多化学成分与鲜叶嫩度有一定相关性，但不甚明显。茶氨酸与嫩度关系密切，由芽到叶随嫩度下降含量减少，但嫩梗中茶氨酸含量比芽叶高。

除高档名茶的鲜叶由单一的芽蕊、或芽抱叶、或芽1叶初展，绝大多数鲜叶都是两种以上芽叶的集合。以下是3个鲜叶分级标准：

表7-7　炒青绿茶各级鲜叶品质规定

级　别		感官指标				芽叶组成（%）		
		嫩　度	匀度	净度	鲜度	一芽二三叶	一芽三四叶	单　片
高档	一级	色绿微黄，叶质柔软，嫩茎易折断。正常芽叶多，叶面多呈半展开状	匀齐	净度好	新鲜，有活力	40以上	55以上	10以下
	二级	色绿，叶质较柔软，嫩茎易折断。正常芽叶较多，叶面多呈展开状	尚匀齐	净度尚好，嫩茎夹杂物少	新鲜，有活力	30～39	45～54	11～18
中档	三级	绿色稍深，叶质稍硬，嫩茎可折断。正常芽叶尚多，叶面呈展开状	尚匀	净度尚好	新鲜，尚有活力	20～29	35～44	19～26
	四级	绿色较深，叶质较硬，茎折不断稍有刺手感。正常芽叶较少，单片对夹叶稍多	尚匀	稍有老叶	尚新鲜	10～19	25～34	27～34
低档	五级	深绿稍暗，叶质硬，有刺手感。单片对夹叶较多	欠匀齐	有老叶	尚新鲜	1～9	15～24	35～44
	六级	深绿较暗，叶质硬，刺手感强。单片对夹叶多	欠匀齐	老叶较多	尚新鲜	极少	5～14	45以上

表7-8　祁门茶厂鲜叶分级标准

级别	芽叶标准	参考规定	占总量（%）
特级	一芽一叶、一芽二叶为主	一芽一叶、一芽二叶	10～20，50～60
一级	一芽二叶、一芽三叶为主	一芽二叶	36～50
二级	一芽二叶、一芽三叶为主	一芽二叶	21～35
三级	一芽二叶、一芽三叶为主	一芽二叶	12～20
四级	一芽三叶为主	一芽三叶	37～46
五级	一芽三叶为主	一芽三叶	30～36

表7-9　云南省勐海茶叶试验站绿茶鲜叶分级标准

级别	茶　叶　标　准　组　成
一级	鲜叶发育健壮，一芽二三叶鲜叶中的半展开或开展中占50%～70%，较细嫩的对夹叶、单片叶占30%～50%。芽叶全长平均在5.3～6.7厘米，不带老叶片、芽苞、异叶或其他杂物
二级	一芽二三叶占40%～50%，其他为较嫩细的对夹叶和单叶片，芽叶全长平均6.7～8.3厘米，不带老枝、老叶或其他杂物
三级	一芽二三叶占30%～40%，并有一芽四叶和较嫩的对夹叶和单片叶。芽叶全长在8.7～10厘米，不带其他杂物
四级	一芽二三叶占20%～30%，一芽四叶、对夹叶和单片叶较多，芽叶全长在10.0～13.3厘米
五级	有少量的一芽三四叶，较老的对夹叶、单片叶为主，芽叶全长在13.3厘米以上
六级	全是粗老叶和洗蓬茶等，手捏时已感粗硬

测定鲜叶的芽叶组成，方法简单，但工作效率仍不能适应茶厂生产的要求。目前鲜叶收购评级采用感官检验方法，分析芽叶组成只能作为参考。

2. 匀度　同一批鲜叶，质量的一致性程度，称匀度。大小一致、形状一致、色泽一致的鲜叶匀度好。目前我国许多茶园品种混杂，叶形参差不齐。发展无性系良种茶园，是提高鲜叶匀度的良策。

山南（阳坡）、山北（阴坡）、山坞、平地、乌砂土、黏盘土茶园鲜叶色泽、肥瘦、大小等特征特性不同，分开采制，有利于提高匀度。

分批采摘，采大留小，明确"几不采"，采回鲜叶拣剔等措施，是保证名茶鲜叶匀度好的有效措施。

3. 鲜度 鲜叶在采摘后，制茶前保持其原有理化性状程度的指标。鲜叶采摘后日晒、高温、运输过程和贮青过程操作不当，尤其是机械损伤和高温，加上贮青时间太长，都会严重地影响鲜度，甚至发生质变。

名茶鲜叶保鲜技术，对保证名茶质量具有十分重要的作用。

四、鲜叶适制性

什么样的鲜叶适合制什么茶，即适制性。这是一个相对的概念。

一般地说，不论什么茶树品种、生态环境、栽培管理，其鲜叶只要制茶条件满足，就能制成各类茶叶。世界上不存在"红茶树""绿茶树"，但相比较而言，某一种鲜叶适制红茶、适制绿茶，还是适制其他茶更能发挥资源优势，这个问题确实存在。应该说资源优势的发挥不仅是一个科学问题，还是一个经济问题。我国过去几十年，"绿改红""红改绿"是适应市场，而不是"适制"。

有的茶树品种，可以制几种茶，适制性广；有的只适合制某种茶，适制性差。

适制性在名茶，尤其是高档名茶，比较明显，至于大宗茶、中低档茶就不那么显著了。某些茶树品种，无论制什么茶品质都不行，应逐步淘汰。

地理条件是影响鲜叶适制性的一个重要因素。岩水仙、半岩水仙、洲水仙，制成武夷水仙品质大相径庭，就是一个很好的例子。我国华南茶区云南大叶种，适制红碎茶；江南茶区、江北茶区中小叶种较适制各类绿茶；祁门槠叶种，适制香高味醇的工夫红茶，制红碎茶，则浓强鲜达不到要求。

表 7 - 10　云南大叶种、福鼎大白茶化学成分与适制性

品　种	多酚类化合物（%）	水浸出物（%）	咖啡碱（%）	灰分（%）	红茶品质			绿茶品质		
					香气	滋味	叶底	香气	滋味	叶底
云南大叶种	18.18	42.20	3.65	6.48	浓厚香甜	醇浓刺激	红匀亮嫩	浓有熟味	厚涩苦	黄熟
福鼎大白茶种	14.66	40.25	4.07	6.12	浓香	醇厚淡薄	嫩匀叶薄	嫩清香	厚带涩	黄粗大

　　适制性与鲜叶化学成分的关系，从宏观来看，就是与茶树品种、地理条件、栽培管理等的关系。云南大叶种，多酚类化合物含量高适制红茶，不适合制绿茶。目前许多中低档绿茶类花茶，用的是云南大叶种烘青坯，所以说，适制性不是绝对的。

表 7 - 11　茶树品种适制性与氯仿检验多酚类化合物含量的关系

品　系	氯仿检验得分	多酚类化合物（%）	制茶品质	
			红茶	绿茶
3 - 29	6.0	34.44	优	一般
11 - 11	5.7	30.54	一般	优
福鼎大白茶	5.3	28.87	一般	优
7 - 22	4.7	31.18	优	优
1 - 3	3.7	31.53	一般	优

　　多酚类化合物含量高适制红茶，不适合制绿茶。这话如果说是真理，也是相对真理。因为长期以来，大多数绿茶消费群体，对浓厚苦涩的风味，无好感。但是喝惯了大叶种绿茶的云贵消费者，偏好浓厚苦涩。滋味有偏好，风味更有偏好，而香气总是高香持久好，花香更好，具有某种特殊香气（如陈香）也好。没有人偏好香低甚至有异味的茶叶。

　　说什么季节适合制什么茶，即季节与适制性的关系。春茶前期制名茶，以后制大宗茶；青茶产区前期制芽蕊茶，说这也是适

制性，其实是合理组织生产，充分发挥鲜叶经济价值。

鲜叶形状与适制性。一般长叶形鲜叶，制成的条形茶显得纤细秀长；圆形鲜叶制条形茶显得粗壮、结实，风格各有特点。但是制松针形茶，还是长叶形好，成茶似纤细的绣花针，给人以美感。珠形、绣球形、腰圆形、盘香形茶叶，先成条，后弯曲绕紧，长叶形鲜叶好。圆叶形鲜叶，制瓜片、尖茶、龙井更适合。芽肥壮，制金芽、白毫银针、君山银针好，给人以健美感。芽小纤细多毫，华山银毫纤细毫密，成了吉尼斯之最。

第三节　茶叶初制综述

在茶叶分类中，列出了六大茶类的制茶工艺流程。可见茶叶初制从萎凋开始到干燥结束，中间有杀青、揉捻（揉切）、变色（发酵、闷黄、渥堆）等共 5 种制茶工序。前一段是在酶促氧化的条件下"改形变质"；后一段是非酶促氧化的条件下"改形变质"。不同茶类工序组合和流程不同。同一茶类，不同茶品工艺流程基本相同，但制茶条件的差别，加上鲜叶特性特征的差别，产品的色香味形可谓千姿百态。

以下分萎凋、杀青、揉捻、变色、干燥对茶叶初制进行综合论述。

一、萎凋

萎凋是鲜叶加工的第一道工序。对绿茶、黄茶、黑茶来说，萎凋不是必要工序，即可萎凋，也可不萎凋，直接杀青。但是在实际生产中，鲜叶从离体（采摘）到杀青少即 1～2 小时，多的可达 1 天或更长一些。所以说，尽管绿茶、黄茶、黑茶制造工艺流程上没有萎凋工序，有的有贮青或摊放工序，不叫萎凋，但都有一个"轻萎凋"过程。在此过程中，茶叶"形""质"都有变化。

雨水叶、露水叶采摘后必须摊放，待表面水散失后才开始杀青。太平猴魁鲜叶采摘后要进行拣尖，将采摘时多采的第三叶剔除，拣尖过程也是萎凋过程。六安瓜片鲜叶进厂后要进行扳片，除去芽头茶梗，掰开嫩片、老片，扳片过程也是萎凋过程。西湖龙井初制的第一道工序就是摊放，摊叶厚度 3 厘米左右，时间 6～12 小时，待鲜叶减重 15％～20％，含水率 70％左右即可杀青。炒青绿茶贮青过程减重率和杀青前含水率与龙井茶相似。鲜叶含水率 76％，减重率 20％即含水率为 70％；鲜叶含水率 75％，减重率 15％即含水率为 70.5％。

青茶萎凋包括晒青与晾青，还有采摘后的贮青过程。武夷岩茶的减重率为 10％～16％，安溪铁观音的减重率 5％～10％。崇安茶场资料显示：第一次做青时，含水率为 72.65％，做青结束时，含水率仍有 67.93％。如果把做青过程看成萎凋的继续，青茶的萎凋程度比绿茶略重，比红茶、白茶轻。

工夫红茶萎凋叶含水率 60％左右；转子机组合制法红碎茶萎凋叶含水率 63％～65％；C.T.C 红碎茶萎凋叶含水率 70％左右。萎凋程度因揉捻、揉切机械不同，差异颇大。萎凋程度轻重不影响发酵，但成品茶风味不同。

白茶萎凋程度重，萎凋叶含水率一般为 25％～30％，甚至更低（15％～20％）。

1. 萎凋的理化变化　鲜叶水分的散失，是萎凋的主要物理变化。萎凋叶水分蒸发，主要是通过叶背面的气孔，也有一部分通过叶表皮蒸发。老叶因角质化，水分散失比嫩叶慢。嫩梗水分多，且蒸发慢，其中一部分水分转移到叶面散失，萎凋叶梗中的含水率比芽叶高出 20％～30％。芽叶失水程度的差异，导致萎凋不均匀。即芽叶与梗的不匀，嫩叶与老叶的不匀，影响制茶品质。

随着萎凋进程，因水分减少，细胞失去膨胀状态，叶质柔软，叶面积缩小。芽叶越嫩，缩小的比例越大。

伴随着鲜叶失水，细胞膜通透性加强，淀粉、蔗糖、蛋白质、果胶等分解。在酶的作用下，淀粉分解成葡萄糖，双糖转化为单糖，蛋白质分解成氨基酸，原果胶分解成水溶性果胶。多酚类化合物因酶促作用氧化减少，叶绿素因蛋白质分解而破坏。总之，萎凋过程，叶内复杂的大分子物质分解减少，简单的小分子物质增多。

水解和氧化，导致干物质消耗。白茶长时间（60 小时）的自然萎凋，干物质消耗 3.9%～4.5%，红茶自然萎凋干物质消耗 3%，加温萎凋（7 小时）干物质消耗 1.84%。

2. 萎凋技术条件　影响萎凋过程理化变化的因素有空气的干燥能力、温度、时间和萎凋方法等。

影响空气干燥能力的因素有相对湿度、温度、通风状况等。

温度与空气的干燥能力有关。在空气蒸气分压不变的条件下，温度升高，干燥能力增加，芽叶失水加快。温度还影响芽叶内含物的化学变化，除氨基酸外，在 23～33℃范围内化学变化较缓慢，而 33～40℃时则明显加快。萎凋环境温度应控制在 30～32℃，最高不超过 40℃，芽叶温度则应严格控制在 30℃以下，甚至更低一些。鲜叶在低温（4～10℃）条件下，抑制水分散失，可以达到保鲜的效果。

萎凋时间依温度、空气干燥能力和萎凋方法变化，白茶最长可以达 72 小时左右，绿茶、黄茶、黑茶可以现采现制，无需萎凋；也可贮青待制，但应控制环境温度和叶温，控制失水速度和程度，贮青时间可达 20～24 小时甚至更长一些。青茶晒青、晾青、做青时间，依理化变化进程调控，红茶加温萎凋时间受空气温度影响，一般 4～8 小时。

萎凋方法可分为自然萎凋和人工萎凋两类。自然萎凋有日光萎凋和室内自然萎凋，在室内外自然环境下，只能"顺其自然"，但可以在时间、摊叶厚度、翻叶等方法变化调节。日晒要注意光照强度和叶面温度，防止红变，甚至焦叶。人工萎凋有机械通风萎凋、机械通风加温萎凋、机械通风加热全自动萎凋。其控制因素，有风量（风压）、温度、时间、翻叶等。用现代制冷技术，调控室内温湿度，是近年来青茶制茶采用的先进办法，对其他茶类萎凋也可以通过试验，逐步在名茶生产中推广应用。

二、杀青

杀青是绿茶、黄茶、黑茶鲜叶加工的第二道工序，杀青的目的主要是破坏酶的活性，还有散失水分，挥发低沸点芳香物质和控制化学变化。但杀青的"变质"作用，是通过高温使蛋白质凝固，达到破坏酶的催化作用。所以有人戏称，杀青是"杀酶"，有一定科学道理。杀青是中国古代最早发明的制茶技术，杀青开创了制茶科学的先河。

从"杀酶"的角度看，青茶"炒青"也是"杀青"，红茶、白茶"干燥"也可以理解为"杀青"。这样六大茶类就都有"杀青"了。"杀青"前为酶促氧化条件下的化学变化；"杀青"后为非酶促氧化条件下的化学变化。

绿茶、黄茶、黑茶、青茶"杀青"后一般要进行揉捻，杀青叶含水率控制在60%左右，嫩叶含水率还可以更低些，老叶含水率要适当提高，以利揉捻造形。

1. 杀青温度　酶受热彻底破坏的临界温度据测定的经验数据是85℃。杀青过程要求鲜叶所在室温迅速地达到植物酶促作用所需的最适温度（50～60℃），上升到85℃，破坏酶的活性，以减少酶在最适合温度条件下，加剧各种化学变化，影响茶叶品质，尤其是防止酶作用下多酚类化合物氧化生成茶黄素、茶红素，造成"绿叶红变"。

这里说的 85℃ 是指叶温。不是杀青机具的锅温、筒温、热空气温度、蒸气温度。在许多教科书和制茶技术资料中，可以看到下面的一些温度数据：手工杀青锅温 180～220℃，白天铁锅泛白，夜间锅底微红；据测定六安瓜片生锅锅温 105～110℃；太平猴魁杀青锅温 130～150℃；一灶二锅杀青机第一锅温度锅温 360℃、第二锅温 180℃；长转筒连续杀青机前端筒温（筒内介质——湿热空气温度）100～110℃，筒体前端局部泛红（400～500℃）；前苏联烘热杀青机，风温 170～180℃；日本蒸汽杀青机，蒸汽温度 98～99℃（无压）中低档鲜叶锅炉压力 0.03kg/m² ～0.05kg/m²，蒸汽温度 105℃；浙江上洋 150K 汽热杀青机，锅炉出口温度 140～150℃，蒸汽室输送带上方温度 110℃左右。为什么温度各不相同，其原因是各类杀青机具供热、热传导、介质各不相同。

2. 杀青技术 中国古代发明杀青技术，最早可能是沸水泡煮，即水沸后鲜叶泡煮几秒钟，快速杀青，然后冷却脱水。其后发明蒸青、炒青，但早期采用的多为蒸气杀青，即水沸后，将盛叶蒸笼安放锅上蒸热杀"青"，如果供热强度不够，投叶太多，时间太长，即叶色泛黄，香气低闷，影响杀青质量。

锅炒杀青可能始于唐代，但直到元代以后才逐步取代蒸青，成为中国绿茶传统的杀青技术，一直传承到今天。

锅炒杀青的技术条件，除锅温、投叶量、时间外，闷炒是抑制鲜叶水分汽化散失，保证叶温迅速上升到 85℃ 的重要技术措施，闷炒时间应掌握在 40～60 秒，防止闷黄。

转筒杀青机的技术条件，通过杀青机导叶板角度设计和筒体倾斜角度，把杀青时间要严格控制在 90～150 秒，最多不超过 180 秒。操作时，注意筒温和投叶量的调控，使之相互匹配。与锅式杀青机相比，筒体内通气状况不良，水汽不易迅速散失，形成一定的蒸闷环境，所以时间宜短不宜长。加大筒体直径，可以改善筒内透气条件。

烘热杀青机必须保证足够的烘热温度和通风量，投叶量和杀青时间匹配也十分重要。烘热杀青不存在"闷黄"现象，但要防止杀青时间过长，酶不能迅速破坏，甚至产生叶色红变。目前我国某些茶区个体茶农制茶户用木炭供热，上面架一个手动或机动的金属筛网用于杀青，生产"烘片"，也属烘热杀青，如果操作无误也不是不能达到杀青目的，只是产品品质风格与其他杀青方法有一定的区别。烘片目前还有一定的市场，否则早被淘汰出局了。

现代蒸青制法与古代蒸青已不可相比了。蒸青的技术条件，除蒸汽压力（蒸汽温度），蒸发量与投叶量匹配，蒸热时间长短（40秒左右）控制，都是技术关键。

汽热杀青机是将无压锅炉中沸腾气化的水汽，再加热到110～150℃送入杀青机以破坏鲜叶酶活性。除蒸汽温度，控制投叶量和蒸杀时间十分重要，杀青后热风脱水，冷风冷却脱水，挥发低沸点芳香物质。制茶风格，介于炒青、蒸青之间。

三、改形（揉捻、揉切、做形）

鲜叶经过萎凋、杀青后，在机械力作用下的"改形"过程，有揉捻、揉切、做形。红茶萎凋叶必须揉捻成条，破坏叶组织细胞或先揉条后切碎，以利发酵。除高档绿茶、高档黄茶外，绿茶类、黄茶类、黑茶类、青茶类杀青后，都有一个揉捻成条或做形的工序。只有白茶类无揉捻工序（新工艺白茶干燥前揉捻成条）。

揉捻成条，要求萎凋叶、杀青叶的含水率控制在60％左右，以利于改形成条。揉捻过程水分变化不大。

做形是绿茶类名茶形成千姿百态的特有工艺，是中国茶文化物质层面的一大特点。有些名茶先揉捻后做形；有些名茶，没有独立的揉捻工艺，做形是结合杀青失水、干燥失水进行的，做形是一种只能意会，不可言传的"手上功夫"。经过长期探索，现在已发明了一些做形机械，可以替代手工，但在高档名茶制作中，机械还不能达到熟练工人的手艺水平。如龙井茶做形仍以手工为主，一个茶厂几十口电炒锅作业，还是手工作坊式生产，只是改用电热，保证供热稳定、洁净、方便。碧螺春的搓团提毫，也还是手工劳动与机械供热风结合。

揉捻已普遍采用盘式揉捻机，控制芽叶含水率，保证其可塑性，此外，揉捻机的转速、投叶量、揉捻时间、压力的有无和轻重等技术条件，都直接影响成条率和条索的松紧。对于红茶来说，为了充分破坏叶组织细胞，促进绿叶红变，保证发酵质量，揉捻时间较长，加压轻—重—轻交替。

先揉捻成条，后揉切破碎，是碎红茶、碎绿茶生产的工艺特点。揉捻机械有盘式揉切机、转子揉切机、C.T.C揉切机等。

四、变色

"变色"工序即"变质"过程，色变只是它的表征。制茶过程芽叶发生一系列复杂的化学变化，自芽叶离体后这种变化就已经开始。前面萎凋失水、杀青失水过程就有"变质"，黄茶的闷黄，黑茶的渥堆，青茶的做青，红茶的发酵是专门设置的变色工序。多酚类化合物的非酶促氧化或酶促氧化是变色变质的突出表现。茶黄素、茶红素的形成，叶绿素的破坏，芽叶化学性质发生变化，色、香、味的变化是人们感觉器官对化学变化的感知。

黄茶的"闷黄"，可以安排在杀青后，也可以安排在揉捻后或干燥的毛火后。黑茶的"渥堆"安排在揉捻后，甚至干燥后也可以通过补水，创造条件，进行渥堆。红茶"发酵"在揉捻、揉切后进行，但从萎凋到揉捻的过程中，"发酵"就已经开始了，所以高温季节揉捻结束，无须单独的"发酵"工序，可以直接干燥。绿茶杀青后的揉捻（做形）和干燥过程中，如果有类似"闷黄"的条件，也会发生一定程度的"黄变"。白茶长时间萎凋失水过程也是变色过程，二者结合，产生互动。青茶做青可谓"失水""破坏叶绿组织细胞""变色"三结合。如何控制失水速度、破坏叶绿组织细胞的进度、化学变化深度，并把三者的进程协调起来，是做青技艺水平高下的评判标准。

变色的制茶条件：

（1）温度。温度是化学变化的重要条件，温度高，变化快。黄茶闷黄温度在 30～50℃，黑茶渥堆温度在 40℃左右，老青茶渥堆可达 60～70℃，青茶做青间和红茶发酵室气温控制在 22～24℃左右，红茶发酵氧化释放热量，叶温可以上升 2～6℃，叶温上升加快发酵进程。青茶、红茶属酶促氧化，温度较低，以利保持酶的活性；黄茶、黑茶属非酶促氧化，温度宜高，尤其是粗老叶子温度要更高一些。

（2）含水率。化学变化需要水分的参与，含水率高低，影响变色进程，不同茶类、花色品种，含水率的调控有一定差别。

（3）时间。变色持续时间，少即 1～2 小时，多的可达几十小时，甚至十天半月。但总趋势是温度高，含水率高，时间短。要求变化的程度轻，时间短。

（4）氧气。以氧化为主的变色过程，必须有氧的参与。芽叶吸氧从鲜叶开始，到揉捻过程需氧量达到高峰，进入发酵过程即呈下降趋势。

（5）叶组织细胞破坏率。影响红茶发酵速度，影响青茶做青"走水"和叶缘红变。工夫红茶成条率要求 90％以上，叶组织细胞破坏率 80％以上。

五、干燥

从失水的角度看，萎凋是低温（保护酶活性）失水，杀青是高温（破坏酶活性）失水，二者是茶叶初制前期的失水；干燥是最后的失水过程，使芽叶达到足干（含水率 5%～6%，甚至更少），防止发霉变坏，便于收藏运输。

萎凋、杀青失水占总失水量得 53.5%左右，干燥失水占总失水量 46.5%左右。揉捻、发酵失水不多。

干燥的方法有风干、晒干、炒干、烘干等。白茶干燥是先风干，后烘干；黄茶干燥有炒干，也有烘干；黑茶干燥有晒干、也有风干、烘干；青茶干燥炒干、烘干结合，先炒后烘；红茶干燥可晒、可烘、或先晒后烘；绿茶干燥有晒干（晒青绿茶）、有炒干（"炒青"绿茶）、有烘干（"烘青"绿茶），还有先炒后烘的"半烘炒"。

干燥方法不同，对干燥时化学变化的影响也不同。同样都是绿茶，炒青型与烘青型的风味相差很大，更不用说晒干、风干方法对风味的影响了。

空气的干燥能力影响干燥效率。①风干效率受通风程度、空气相对湿度和时间影响。"南风天"与"北风天"的相对湿度不同，风干速度各异。②晒干与日照强度关系密切，夏季晒干效率效果比春季好。③炒干的影响因素有锅温、投叶量、时间、叶子在锅内炒翻和通风状况等。④烘干的影响因素有热空气温度、风量等。

干燥又称烘焙，烘炒以脱水，焙的功效是做"火功"，现在又叫"提香"。原料老嫩等级不同，用"火"的温度和时间各异。白茶"火功"，有高档茶以"火功"衬托香气，低档茶以"火功"补香气之不足的说法，可供其他茶类借鉴。茶叶"火功"不同，风味各异。历史上祁门茶区烘工在同行中的地位颇高，与祁红"火功"之重要性有关。

六、茶叶初加工小结

茶树上采摘的鲜叶加工成茶叶的过程称为茶叶初加工。

初加工是鲜叶脱水、改形、变质，成为茶叶的过程。绿茶、黄茶、黑茶、青茶、白茶、红茶是在初加工过程中形成的。

六大茶类初加工基本工艺过程，可以概括为杀青、萎凋、改形、变质（即质的改变）、干燥5类工序。

杀青工序，是破坏酶活性条件下的（高温）脱水过程，伴有一定程度的变质。

萎凋工序，是保护酶活性条件下的（低温）脱水和变质过程。

改形工序，是茶叶外形塑造（揉捻、揉切、做形）的过程，伴有很轻微的变质和脱水。

变质工序，是茶叶内质变化（闷黄、渥堆、做青、发酵）的过程，伴有很轻微的脱水。

干燥工序，是脱水干燥过程，伴有改形和变质。

鲜叶进厂后付制前有一个贮青过程，贮青的目的是贮存保鲜，防止鲜叶形质劣变，贮青只是为了便于组织生产。贮青从客观上看，也是轻萎凋。

第四节　茶叶精制综述

茶叶精加工是在初加工基础上的整理和拼配，其目的是形成花色等级，统一产品规格和改进品质。

毛茶因鲜叶老嫩、大小、形状不一致，同时因初制"做形"的影响，大小、松紧、整碎、曲直、外形不同，匀齐度差；因含茶梗、茶果，甚至有非茶类夹杂物，净度不符合标准要求；毛茶因包装、运输、贮藏条件不善，含水率超标；毛茶的等级标准划分粗放，花色、等级规格不清；毛茶因产地、采制季节、加工技术不同、品质各异。毛茶，顾名思义，毛糙不精，需要加工。鲜叶加工称初制，毛茶加工称精制。

一、毛茶加工的目的

毛茶加工的目的：①整理形状，分清等级；②剔杂除劣，提高净度；③干燥失水，发挥香气；④对样拼配，统一规格 。

二、毛茶调理

1. 毛茶定级归堆　毛茶进厂先抽样检查后验收入库。发现水分超标，先要补火；发现霉坏、异味等劣变茶，另行处理。

毛茶进厂验收定级，按级归堆。内销茶精制比较简单，归堆也可简化。外销茶精制比较复杂，归堆要适当细分。

（1）地区不同、产地不同、茶树品种不同、制法不同、生产季节不同，分别归堆。

（2）同类同级划分优次，分别归堆。

2. 毛茶拼配付制　拼配目的是调和品质，发挥原料经济价值，保证成品茶规格。具体拼配方法要按入库毛茶的归堆，各个数量，兼顾全年生产平衡。

毛茶付制方式有：

（1）单级拼和，单级付制，多级收回。即每次付制毛茶只有一个级别，制成的产品有多个级别。

（2）多级拼和，多级付制，单级收回。即每次付制的毛茶有几个级别，而制成产品基本上是一个级别，不符合该级别的另作处理。

（3）单级拼和，阶梯式式付制，即高、中、低档茶轮流交叉，一个周期全部做清。

三、毛茶加工作业

1. 筛分　筛分是毛茶加工的主要作业，外销茶（眉茶、珠茶、工夫红茶）要反复筛分，以达到外形匀齐美观的规格标准。

　　筛分将长短、粗细、轻重、厚薄不同的茶叶分离。分长短、分粗细是筛分的主要目的。

　　按筛网运动轨迹，可分为圆筛（按一定转速做圆周运动）、抖筛（按一定频率往复运动，筛网在一次往复中上下抖动 2 次）、飘筛（筛网旋转运动的同时上下跳动）。还有一种用于毛茶分筛的滚筒筛机。

　　圆筛因其分离功能不同，有分筛（分离筛号茶）和撩筛（撩头挫脚）之分。

　　抖筛因其分离功能不同，有毛抖（抖毛茶）、复抖（第二次通过抖筛）和紧门抖（又叫规格抖）之分。

　　由于目前筛分机械的分离能力有限，一次筛分中，通过某号筛网的茶短些或细些，筛面流出的长些或粗些，但是通过筛网的也有比未通过的长（或粗），换句话说，未通过筛网的也有比通过筛网短（或细）。筛面茶（或筛下茶）的长度（粗度）有长有短（有粗有细），呈一个概率分布。筛面茶长的多短的少（粗的多细的少），整体上看长些（粗些）；筛下茶长的少短的多（粗的少细的多），整体上看短些（细些）。为了提高长短粗细的一致性程度，要进行多次分筛、抖筛。分了又分，抖了又抖，筛面茶、筛下茶越分越多，筛分工艺流程看上去很复杂，其实懂得以上道理，就不复杂了。

　　圆筛分长短，抖筛分粗细，是相对的。其实圆筛可以分长短也可分粗细，只是分长短的效果更好些；抖筛可以分粗细，也可分长短，只是分粗细的效果更好些。

　　圆筛还有分轻重的作用，筛网回转，轻飘重沉，但这种功效在实践中运用有限。

　　影响筛分分离效果的因素有：①筛网运动轨迹；②筛网运动速度（转速、频率）；③茶叶的含水率和茶叶外形；④筛网长度、宽度、倾斜度；⑤茶叶长短、粗细、容重的一致性程度等。

2. 切断和轧细　毛茶的粗大、弯曲、折叠、长梗等部分，通不过筛孔，统称头子茶，必须切断、轧细后，再进行筛分，切轧与筛分反复进行，直到全部通过筛网。

用于切断的有滚筒式切茶机，既能切断，又能轧细，但主要是切断作用。

用于轧细的有圆片式切茶机，粗的切细、筋梗茶轧碎，团块茶改轧成条，多用圆切机。

齿切机兼用切断和轧细功能，用于茶头和轻片的切轧。

影响切轧的因素：①机器工作面间隙。间隙大，效率低、碎末茶少；间隙小，效率高，碎茶多。②茶叶含水率，干茶容易切扎，但碎末茶多，含水率偏高切轧效果差，粉末茶灰可以减少。

3. 风选　风选作业分离轻重、厚薄，扬剔黄片、茶末、碎片，隔出砂石和轻飘夹杂物。

与筛分类似，现在应用的送风式和拉风式的风选机，其分离能力有限，一次难以分清。外销眉茶精制就有毛剖、风选定级、清风等风选作业。

风选机有送风式和拉风式两类。送风式风选机，分离功效差，要多次反复；吸风式风选机，一次可以分清，可减少作业重复，提高工效。

影响风选作业质量的因素：①茶叶的匀齐度，外形一致，受风面积相当，散落远近主要与容重密切相关。所以精制工艺设计要求先筛分，后风选。②风力大小，容重大的茶叶，风力要适当加大。③进风口和各出茶口之间的隔板（锁板）高低，要按茶叶，适当调整。

4. 拣剔　筛分可以去杂、风选也可以去杂，但外销茶尤其是高档产品，净度要求高，筛不出，选不清的，还要专设拣剔工序。

拣剔作业是拣除粗老畸形的茶条，匀齐外形，剔出茶果、茶梗等杂物的工序。

拣剔有毛拣与精拣之分，毛茶补火后拣，称毛拣；毛茶反复筛、选、切后，精制已近结束时拣，称精拣。

拣出剔除的茶类和非茶类的夹杂物，依茶类、拣剔方法、付拣茶的筛号、等级、产品标准等不同而异。红茶比绿茶简单、毛拣比精拣简单，低档茶比高档茶简单。

先筛分，剔除长短、粗细不同的茶梗，再风选，风去黄片，可以减少付拣量。毛茶头、撩头、抖头先拣后切，也可提高拣剔效率。

拣剔分机拣和手工拣，机拣用阶梯式拣梗机，能分离出大部分茶梗，再辅以手工。静电拣梗机也能分离茶梗，还可剔除轻身茶和非茶类杂质。

手工拣剔多用于名优茶的拣剔。眉茶、珠茶、工夫红茶精制的拣剔作业，手拣工序作业用工量占制茶用工的一大半，精制茶厂属劳动密集型企业。

5. 再干燥　为区别于初制干燥作业，称再干燥。

毛茶因运输、贮藏过程吸湿回潮，某些制茶条件差的初制厂，毛茶含水率达不到要求，同时，精制过程也会导致含水率上升，再干燥是精制不可缺少的作业。再干燥可以提高香味，改善色泽和外形。

再干燥作业依目的要求不同有：①补火，干燥程度不足，毛茶入库前、付制前先烘干。②复火，精制作业完成，装箱前，以烘或炒，做"火功"，提高香味，减水分，耐藏性好。③做火，毛火先烘炒，后筛分，有利于提高筛分效率，头子茶通过炒焓，再筛切改形。精制过程，做火多按作业需要而定。

再干燥用烘焙、锅炒、车色等作业机械，还有烘炒车联装机组。

影响再干燥作业的因素有：①温度，温度过低，香味难发挥，温度过高，易产生焦茶。具体掌握应按茶类、等级区别对待。②茶坯含水量，含水率高，温度适当提高。③投叶量，投叶量多要适当增高温度。④干燥时间，按茶坯粗细大小而定。粗大的时间要适当延长。

四、毛茶加工技术的要求

毛茶加工技术的实施：①要保证成品茶的质量，符合加工标准样的要求；②要提高低档茶和副茶经济价值；③要提高工效，提高制率，减少损耗。

为了达到上述要求，必须遵守以下原则：①减少不必要的筛分；②减少不必要的切轧；③要减少"地脚茶"、碎末茶、茶灰。

在工艺流程设计中，掌握：先筛分，后风选；先风选、捞筛，后拣剔；先拣剔，后切轧；先烘、炒，后风选。

分筛筛号以每英寸*孔数命名，每英寸4孔称4号筛，其筛下茶称4号茶，每英寸5孔称5号筛，其筛下茶称5号茶，余类推。

4号茶、5号茶通常称为上段茶；10号茶、12号茶、16号茶、24号茶通常称为下段茶；介于上段、下段之间的6号、7号、8号茶称中段茶。

抖筛、撩筛的筛号与分筛名相同，抖筛、撩筛的筛网按筛号茶及其等级规格的要求配置。毛茶加工先分筛初步分离出筛号茶坯，再通过撩、抖、风、拣多次反复形成各等级各筛号茶的半成品，最后对样拼配，匀堆装箱。

---

* 英寸为非法定计量单位。1英寸＝2.54厘米。下同。——编者注

第八章
制 茶 各 论

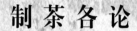

本章以六大茶类和花茶紧压茶中的 32 个典型的产品为代表，介绍制茶工艺。

第一节　绿茶制造

一、炒青绿茶和烘青绿茶

炒青绿茶为鲜叶加工成的炒青绿毛茶，用以精制眉茶。烘青绿茶为鲜叶加工成的烘青绿毛茶，用以精制花茶坯。毛茶经过简单整理，也可以作为商品销售。

1. 鲜叶质量的基本要求　色泽鲜绿，新鲜。鲜叶含水率不低于 72%。

鲜叶质量分 6 个级别（见鲜叶一节），各级鲜叶质量符合制造相应级别毛茶的要求。

2. 工艺流程　炒青绿茶为：贮青、杀青、揉捻、（烘）二青、（炒）三青、（滚筒）辉干。

烘青绿茶为：贮青、杀青、揉捻、（烘）毛火、（烘）足火。

贮青：贮青间应清洁卫生，空气流通。送到茶厂的鲜叶，立即摊放散热。摊放厚度 20 厘米左右。有表面水的鲜叶适当薄摊，低档鲜叶可适当厚摊。有条件的茶厂，可推广机械通风贮青。不同等级、不同茶树品种的鲜叶要分别摊放，分别付制。有表面水的鲜叶要单独摊放付制。先送茶厂的鲜叶先付制。贮青过程中要适当翻叶散热，保证失水均匀。要轻翻、翻匀，减少机械损伤。杀青前鲜叶含水率要控制在不低于70%的水平。

杀青：杀青可用锅式或筒式杀青机。84型单锅杀青机，单锅投叶量，按高、中、低档鲜叶分别为6±0.5千克；7±0.5千克；8±0.5千克。70型长滚筒杀青机台时产量（鲜叶）200～250千克。杀青时间：锅式杀青机5～8分钟；筒式杀青机2～3分钟。杀青叶含水率：高、中、低档鲜叶，分别为59%±2%；61%±2%；63%±2%。杀青叶感官质量特征：杀青均匀，叶色暗绿，叶质柔软，用手紧捏叶子能成团，稍有弹性，嫩茎不易折断，具有清香，无红梗。

揉捻：可用40型、45型、55型揉捻机。投叶量分别为8±1千克；15±1.5千克；35±3.5千克。高档鲜叶可适当增加，低档鲜叶应适当减少。55型揉捻机揉捻时间：高档鲜叶20～25分钟；中档鲜叶25～35分钟；低档鲜叶35～45分钟。40型、45型揉捻机可适当缩短。加压掌握"轻、重、轻"的原则，高档鲜叶压力宜稍轻；低档鲜叶压力要适当加重。全程加压时间为揉捻时间的1/2～2/3。解块：聚结成团块状的揉捻叶，应解散团块。揉捻叶质量感官特征：成条均匀，成条率不低于80%，碎茶率不超过3%。

二青：用烘二青为好，也可用筒式炒干机。16型烘干机台时产量（揉捻叶）150～200千克；进风口温度120±10℃；时间6～8分钟，110筒式炒干机投叶8～10千克，低档可适当增加到15千克；时间7～10分钟，不超过15分钟。二青叶要摊凉20～30分钟，待叶质回软后，进行筛分，分段干燥。二青叶含水率35%～40%。二青叶质量感官特征：茶条相互不粘连，富有弹性，稍有触手感，叶质尚软，手捏不黏，青气消失。

三青：用锅式炒干机。80 型锅式炒干机单锅投叶量（二青叶）7～8 千克。三青全程时间 40～60 分钟，中间可并锅一次。三青锅温掌握"先高后低"，平均叶温 40～45℃，不超过 50℃。三青叶含水率 15％～20％。三青叶质量感官特征：条索基本做紧，茶条可折断，茶香显露。

辉干：用筒式炒干机。投叶量（三青叶）25～30 千克，最多不超过 35 千克。辉干平均叶温 50～65℃，不超过 70℃。辉干时间 50～60 分钟。辉干毛茶含水率 3％～5％。辉干毛茶感官质量特征，条索紧直，匀整，色泽绿润，茶香浓郁，茶条可以用手指踩成粉末。毛茶适当摊放散热后，可以及时装袋。

品质特点：一级炒青毛茶，外形紧结重实显锋苗，色泽绿润，匀齐，无梗片，稍有嫩茎；内质嫩香鲜爽持久，滋味鲜醇浓爽，汤色嫩绿清澈，叶底嫩匀肥厚，绿明亮。

烘青绿茶，杀青、揉捻与炒青基本相同。烘干分两次，毛火，与二青类似，只是投叶量减少，毛火失水多，毛火叶含水率要求达 20％左右。足火适当降低温度，90±10℃，时间适当延长，烘青毛茶含水率要求 4％～6％。

烘青品质特点：外形条索完整，香气清纯，滋味醇和，汤色清澈绿明，叶底绿稍黄。

二、西湖龙井茶

鲜叶：清明前后采特级、高级茶，特级为 1 芽 1 叶或 1 芽一二叶初展；1、2 级为 1 芽 2～3 叶初展。还有 3、4、5 级等。

工艺流程：摊青、炒青锅（杀青）、回潮、揉捻（高中级龙井不揉捻）、二青分筛与簸片末、辉锅、干茶分筛、挺长头、归堆、贮藏收灰。计 10 道工序。

（1）摊青。场地要求凉爽、洁净、通风。摊放厚度 3 厘米左右，中下级鲜叶可厚些。经 6～12 小时，鲜叶减重 15％～20％，含水率达 70％左右为宜。

（2）青锅。是杀青和初步做形过程。炒特、高级龙井茶，锅温 90～100℃，在锅面涂抹专用油，投入 100 克摊青叶，开始以抓抖为主，继而改用搭、抖、捺的手法进行初步造型；压力由轻而重，使茶叶理直成条，压扁成型，炒至七八成干时起锅，历时 12～15 分钟。起锅后薄摊回潮，摊凉后分筛，筛底筛面，分别辉锅。摊凉回潮时间 40～60 分钟。

（3）辉锅。是进一步做形和炒干过程。三锅青锅叶合为一锅，投叶量约 150 克，锅温 60～70℃，炒制 20～25 分钟。锅温掌握"低、高、低"，开始以理条为主，要多抖少搭，散失水分，然后逐步转入搭、拓、捺，并适当加大力度。手不离茶，茶不离锅。炒至茸毛脱落，扁平光滑，茶香透发，折之即断，含水率达 5％～6％时即可起锅，经摊凉后簸去黄片，筛除茶末即成。

西湖龙井精制工序流程：毛龙井、筛分分段、撩筛、复筛、风选、电拣、手拣、匀堆、装箱。

品质特点：特级茶，外形扁平光直，色泽嫩绿光润，汤色清澈绿亮，香气鲜嫩清高，滋味鲜爽甘醇，叶底细嫩成朵。

三、洞庭碧螺春茶

鲜叶：清明前开采至谷雨结束。采摘标准，1 芽 1 叶初展。制茶前，芽叶要拣剔，以提高匀齐度，适度薄摊，有利于香气的形成。

杀青：投叶量 250 克，锅温 150～180℃，时间 3～4 分钟。杀青叶略失光泽，手感柔软，稍有黏性，始发清香，失重约二成，即可揉捻。杀青以抖炒为主，抛闷结合。

揉捻：锅温 65～75℃，时间 10～15 分钟，以旋炒热揉，将叶子揉成条形。失重约五成半。

搓团：锅温 55～60℃，时间 12～15 分钟，将揉成条索的叶子置于手中搓团，顺一个方向搓，每搓 4～5 转解块一次，要轮番搓清，边搓团，边解块，边干燥。茸毛显露，条索卷曲，失重七成。

干燥：锅温 50～55℃，时间 6～7 分钟，将搓团的茶叶，用手轻轻翻动，或轻团几次，达到有刺手感时，即将茶叶均匀摊于洁净纸上，放在锅里再烘一下，成茶水分 6%～7%。

机制碧螺春，可用滚筒杀青机杀青，小型揉捻机揉捻，用烘干机吹热风烘干，结合手工搓团。

品质特点：外形条索纤细，茸毛披覆，卷曲成螺；银绿隐翠，白毫显露；清香持久，鲜爽生津，回味绵长，鲜醇；茶汤嫩绿清澈，叶底柔匀。

四、黄山毛峰茶

鲜叶：特级黄山毛峰采摘标准为 1 芽 1 叶初展；1～3 级分别为：1 芽 1 叶、1 芽 2 叶初展；1 芽一二叶；1 芽 2 叶、1 芽 3 叶初展。为保质保鲜，上午采，下午制；下午采，当夜制。

杀青：用直径 50 厘米桶锅，锅温 150～130℃，先高后低。投叶量为：特级 200～250 克，1 级可增加到 500 克。每分钟翻 50～60 次，杀青程度，适当偏老。

揉捻：特级、1 级在杀青结束前在锅里揉条、理条，无单独揉捻过程。2、3 级出锅后散热，再轻揉 1～2 分钟，以保持芽叶完整，白毫显露，色泽绿润。

烘焙：分初烘和足烘。初烘每只锅配 4 只烘笼，火温先高后低。第一只烘笼烧明炭火，烘顶温度 90℃左右，以后三只依次下降到 80℃、70℃、60℃。边烘边翻，烘顶顺次向低温移动，初烘结束，含水率 15% 左右。初烘翻叶要勤、摊叶要匀、操作宜轻、火温要稳。初烘叶摊凉 30 分钟以上，进行足烘，其投叶量为 8～10 笼初烘叶，温度 60℃左右，文火烘到足干，拣剔去杂后，再复火一次，促进茶香透发，趁热装筒封存。

机制毛峰，可用杀青机、揉捻机、烘干机配套作业，与烘青工艺基本相同，只是鲜叶嫩度好，杀青、烘干温度适度降低，投叶量也少一些。

品质特点：特级黄山毛峰，堪称中国毛峰之极品，形似雀舌，匀齐壮实，峰显毫露，色如象牙，鱼叶金黄；清香高长，汤色清澈，滋味鲜浓，醇厚甘甜，叶底嫩黄，肥壮成朵。其中，"金黄片"和"象牙"色是两大显著特点。

五、六安瓜片茶

鲜叶：一般在谷雨前后开采，采1芽三四叶为主。现时嫩度适当提高，采1芽二三叶。

扳片：将一个完整芽叶，分瓣成嫩片（称小片）、老片（称大片）和茶梗（称针把子，针指芽尖）。

炒制：分生锅和熟锅。鲜叶投入生锅，待"杀青"基本完成，即扫入相邻的熟锅"造形"、"干燥"。生锅温度以鲜叶落锅有炸芝麻的噼啪声为适度。炒嫩片，温度稍高，老片稍低。投叶量嫩片25～50克，老片不超过250克，中等嫩度50～100克。据测定，嫩片含水率68%～76.5%，老片65%～76%。炒片出锅含水率，嫩片20.8%～38%，老片20.6%～30%。

烘焙：用竹编大烘笼（当地称抬篮），直径1 200毫米左右，篮顶高750～800毫米。用砖围成火塘，内装筑紧的木炭，称火摊子。烘焙分毛火、小火、老火。炒制的湿坯要及时毛火小火，嫩片、老片分别上烘，温度不能太高，烘到九成干为度。剔除黄片、漂叶、红筋、老叶和夹杂物后，嫩片、老片拼和成小火茶。

老火又称拉老火，火摊子大，由2人抬篮走烘，每次烘2～3秒钟。烘1次，翻1次，包括走烘，计15秒钟。烘茶翻拌60～70次，含水率达到5%以下，叶片表面起霜为度。老火结束，趁热装筒密封。全过程手工操作，机制瓜片目前仅用于制低档茶。

品质特点：外形单片顺直匀整，叶边背卷平展，不带芽，不含梗，形似瓜子，干茶色泽翠绿，起霜有润。内质汤色清澈，香气高长，滋味鲜醇回甘，叶底黄绿匀亮。

六、信阳毛尖茶

鲜叶：特级采 1 芽 1 叶初展，1 级采 1 芽 2 叶初展，2、3 级采 1 芽二三叶。进厂鲜叶摊放 3～4 小时炒制。

炒制：生锅、熟锅并列相邻，炒茶锅口径 840 毫米，呈35～40 度倾斜安装。锅台前方高 400 毫米，后沿高 1 000 毫米，方便操作。生锅杀青、初揉，锅温 140～160℃，投叶量 500 克。用竹枝茶把，挑动翻拌鲜叶，3～4 分钟后，茶把作圆周运动"收叶""裹条"，起热揉作用，动作由慢到快，用力由轻到重，注意"裹条"与"抖条"结合。嫩茎折不断，初步成条，扫入熟锅。生锅历时 7～10 分钟，含水率 55％左右。熟锅做条整形，发挥香气、滋味。锅温 80～100℃，开始仍"裹条"与"抖条"结合，3～4 分钟后，进行"赶条"，赶直茶条，待茶不粘手时，用手"理条"（亦称顺条、抓条、甩条），使茶条逐步紧细、圆直、光润。熟锅全程约 7～10 分钟，含水率达 35％左右。

烘焙：分三次。毛火、二道火、打足火。毛火温度 80～90℃，时间 20～25 分钟，投叶量每烘 1.5～2 千克，含水率达 15％左右。摊凉 1 小时后复烘（二道火），温度 60～65℃，烘 30 分钟，投叶量每烘 2.5～3 千克，含水率达 6％～7％。下烘后，拣剔杂异，打足火，温度 60℃，时间 25～30 分钟，每烘 3～3.5 千克，手捏茶条可碾成末，下烘。

品质特点：特级外形条索细秀匀直，显锋苗，色泽翠绿，白毫遍布。内质汤色嫩绿、鲜亮，香气鲜嫩、高爽，滋味鲜爽，叶底嫩绿明亮、细嫩、匀齐。

七、都匀毛尖茶

鲜叶:清明前后开采到谷雨结束。采摘标准为1芽1叶初展。摊青2～3小时后,开始杀青。

杀青:手工锅直径580毫米,锅温120℃,投叶量400克左右,"杀青""失水",逐步转入轻揉,锅温下降到100℃左右,边揉边抖,至六成干。

做形提毫烘干,锅温70℃～80℃,搓团提毫,搓团与解团相结合,直到白毫显露,叶质干燥。将茶叶抖散,摊于锅中,继续烘干。

品质特点:外形匀整,白毫显露,芽条卷曲,色泽鲜绿,香气清嫩,滋味鲜浓,回味甘甜,汤色清澈,叶底明亮,芽头肥壮。

八、南京雨花茶

鲜叶:清明前后开采,鲜叶标准1芽1叶初展。摊青3～4小时,开始杀青。

杀青:用口径600毫米平锅,锅温140～160℃,投叶量0.4～0.5千克,杀青时间5～7分钟。

揉捻:手揉8～10分钟,中间解块3～4次,初步成条。

搓条拉条:锅温85～90℃,投叶量0.35千克,先抖散理直茶条,置手中滚搓,结合抖散,叶质不粘手,锅温下降到60～65℃,继续用力滚搓,结合理条,达六七成干,锅温升高至75～85℃,沿锅壁来回拉炒,理顺拉直茶条,并进一步做紧做圆,九成干起锅,时间约10～15分钟。

毛茶加工:用圆筛分长短,抖筛分粗细,去片末,用文火烘30分钟,温度50℃左右,足干后,冷却包装贮藏保鲜。

机制雨花茶,分杀青、揉捻、毛火、做形、复火、筛分等工序。

品质特点：外形似松针，条索紧细圆直，锋苗挺秀，色泽翠绿，白毫显露，香气浓郁，滋味鲜醇，汤色清澈，叶底嫩绿明亮。

九、太平猴魁茶

鲜叶：谷雨前后开园，立夏前结束。采1芽3叶，拣尖时去1叶。制茶鲜叶为1芽2叶，要求1叶、2叶初展，节间短，叶尖与芽尖长度相当，称"三尖齐"。摊青时，叶上盖湿布防止水分大量散失。

杀青：用平口深锅，锅壁要求光滑发亮，以木炭为燃料，投叶量75～100克，鲜叶下锅有轻微的噼啪声，杀青时间3分钟左右。

烘干：分子烘、老烘、打老火。子烘每只锅配4只烘笼，烘顶温度分别为110℃、100℃、85℃、60℃，温度由高到低。烘焙结合做形，用手轻压茶叶，使芽叶平伏不翘不卷。七成干下烘，历时12分钟左右。老烘叶量为子烘7～8倍，温度60～70℃，上烘后，使叶面平伏，再用手按压一次，结合翻叶整叶，九成干下烘，历时约25～30分钟。下烘后摊凉5～6小时打老火，温度50℃，投叶量0.75～1千克，约30分钟后达到足干，冷却装筒封存。

品质特点：外形2叶抱芽，平扁挺直，自然舒展，白毫隐伏。有"猴魁两头尖，不散不翘不卷边"之称，芽叶肥硕、重实、匀齐（每千克干茶约11 000～13 000个1芽2叶）；叶色苍绿匀润，叶脉绿中隐红，俗称"红丝线"，兰香高爽，滋味醇厚回甘，风味有独特的"猴韵"，汤色清绿明澈，叶底嫩绿匀亮，芽叶成朵肥壮。

现时制茶工艺已发生重大变化，产品外形扁直。

十、婺源茗眉茶

鲜叶：晴天采 1 芽 1 叶初展，芽叶长度 3 厘米左右。采回鲜叶薄摊待制。

杀青：用口径 60 厘米的广口铁锅。锅温 140～160℃，投叶量 400～500 克，杀青叶含水率 60％左右。

揉捻：手工揉捻与解块结合，形成茶条，茶汁溢出为适度。

烘坯：温度掌握 100℃，烘到四成半干，也可用锅炒坯。

锅炒：温度由 80℃ 开始，逐渐下降到 70℃。投叶量 750～1 000 克。炒茶搓、抖、提毫结合。茶条有刺手感，茶条与锅壁摩擦出沙沙响声，停止搓条，改用推炒。全程约 25 分钟。

复烘：温度 60～70℃，投叶量 1 500～2 000 克，文火长烘，适当翻叶，达到足干。

品质特点：外形纤秀如眉，色泽翠绿鲜润，芽壮毫显，汤色清澈碧绿，清香浓郁，滋味醇和、鲜爽，叶底柔嫩肥厚。

十一、泉岗辉白茶

鲜叶：4 月中旬开采至立夏前结束。采摘标准为 1 芽 1 叶、1 芽 2 叶。

杀青：用平锅，锅温 200～220℃，投叶量 1 000 克左右，抛炒 2 分钟后，用竹叉抛闷结合炒。全程时间 7～9 分钟。

初揉：摊凉后，轻揉 2～3 分钟。

初烘：温度 90℃，烘到茶条无粘手感为止，时间约 20 分钟。

复揉：复揉 3 分钟，解块后复烘。

复烘：温度 60℃ 左右，时间 10～15 分钟，茶叶有触手感即可。

炒二青：用斜锅炒制，锅温 120℃上下，投叶量 4 000 克左右，双手推叶翻炒，先重后轻，时间约 30 分钟。达到基本成圆形，有松手感，分颗粒时，起锅摊凉。

辉锅：方法与二青同，投叶量为 2 锅二青叶，开始时温度 100℃，锅温随干度的提高而逐渐降低，推炒用力也由重到轻，时间约 240 分钟，炒到茶叶色灰白起霜，起锅摊凉。经割末、拣剔、筛分整理、分级后装箱。

品质特点：外形盘花卷曲，绿中带白，色灰白起霜，浓香四溢；汤色清澈明亮，香高味醇，叶底嫩黄成朵。

十二、黄山绿牡丹

鲜叶：谷雨前后，采 1 芽 3 叶，摊青拣剔后，当天制完。

杀青兼轻揉：杀青用斗锅。温度要求 130～150℃，投叶量 200～300 克左右。叶色转暗，嫩茎折不断，出锅趁热轻揉，茶汁溢出即可。

初烘理条：温度 90～110℃，翻烘结合理条，使芽叶平直，略呈兰花瓣形，四至五成干下烘摊凉。

选芽装筒：选大小长短匀齐的芽头，摘除基部叶片，60 枝左右为一朵花的原料，理顺放齐，装筒。造型筒为竹制，长 7 厘米，直径 5 厘米，正中有竹节。芽叶装筒后准备造型。

造型美化：准备好剪刀、定型板、扳芽竹片、压茶板和捆扎用的线。将装筒芽叶离基部 1 厘米处用线捆扎成束，一层层扳开芽叶，形成扁平圆形的花状，用定型板轻压定型。

定型烘焙：烘焙前重压定型，移到专用烘上的一个个圈圈内，加上烘盖固定。烘干温度 90～110℃，先烘茶蒂部，再烘茶叶面。翻烘要勤，八九成干下烘摊凉。

足干贮藏：温度 70～80℃，2～3 分钟翻一次，直到足干装箱贮藏。

品质特点：外形似花朵状，泡冲时，芽叶徐徐舒展，似盛开的绿牡丹花。

十三、恩施玉露茶

鲜叶：要求老嫩一致，大小匀齐，节短叶密，芽长叶狭小，叶色浓绿的1芽1叶或1芽2叶初展。晴天上午采，随采随蒸，快速焙干。

蒸青：在特制蒸青灶上进行。即铁锅上放置蒸青箱，箱体上装有蒸青屉。蒸青时，先将水锅加热到沸腾，将鲜叶均匀摊放在屉中，按每平方米摊叶0.2～0.25千克，蒸青时间40～50秒。

扇凉：蒸青叶出箱后，迅速扇凉，防止闷黄。

炒头毛火：将蒸青叶2～3千克置温度140℃的焙炉盘上，抛抖失水，注意勤抖匀抛，保证失水均匀。当手捏茶坯不粘，叶色暗绿，即可揉捻。全程时间12～15分钟。

揉捻：在焙炉上进行。一为回转揉。两手握住适量茶叶，像滚球一样从左向右或从右向左始终朝一个方向滚揉。二为对手揉，两人相对站在焙炉两边，双手推揉茶团，你来我往，协调配合，使茶团成一圆柱状，在炉盘上滚转。两种手法交替，其间夹以铲法，解散团块。

铲二毛火：继续蒸发水分，卷紧条索，初步整形。在100～110℃的焙炉盘上投放7～9千克揉捻叶，左右来回揉茶，动作由慢到快，并随时将散落在炉盘边的茶叶收拢，使其受热受力均匀。待茶条呈墨绿色，梗呈黄绿色，手捏不成团，柔软而稍有刺手感为适度。全程8～10分钟。下叶后摊放10分钟左右搓条。

整形上光：俗称搓条，是形成恩施玉露外形紧细、挺直、光滑、绿翠的关键工序。全程分两个阶段。第一阶段为悬手搓条，取铲二毛火叶0.8～1.0千克，放在炉温70～80℃的焙炉盘上，两手心相对，悬空捧起茶叶，右手朝前，左手向后，不断地顺一个方向搓转茶叶。直到茶条呈细长圆形，色泽绿润，约七成干，转入第二阶段——炉盘搓茶，即采用"搂""搓""端""扎"四种手法上光，直到适度。全程约 70～80 分钟，茶叶含水率达 6%～7%为适度。

拣选：过筛簸扬，手工拣剔，除去碎片、黄片、粗条、老梗及其他夹杂物。用棉纸包好，置石灰缸中储存。

品质特点：外形条索紧圆、光滑、纤细挺直如松针，色泽苍翠润绿，白毫显露；汤色嫩绿明亮，香嫩味爽，叶底绿亮匀整。

十四、屯溪绿茶

简称"屯绿"，为外销眉茶。外销眉茶还有按产区命名的"婺绿""遂绿""舒绿""杭绿""温绿"等，其产品花色等级，大同小异，只因产区不同，风格有一定差异，历史上多拼配出口。

加工眉茶的原料主要是炒青绿茶，烘青毛茶也可改制眉茶。

屯绿精制从毛茶拼配付制开始，通过分筛、抖筛、撩筛、风选、紧门、拣剔，初步分离出本身路、长身路、圆身路、轻身路、筋梗路等形态的茶坯，再分路取料。本身路作业流程为：毛抖、毛分、毛剖、复火滚条、紧门抽筋、分筛、撩筛、风选定级、机拣、电拣、手拣、补火、车色、割脚、清风，共 14 道工序。其他各路作业流程大同小异。产出为各级别、花色、筛号茶半成品，再按实物标准样进行拼配和匀堆，就是成品茶。

出口眉茶分特珍、珍眉、雨茶、贡熙、秀眉、茶片等花色，各花色又分若干级别。特珍和珍眉是眉茶的主要花色，属长条形茶，条索细长紧秀，稍弯似眉。雨茶似雨点形。贡熙近似圆形茶，颗粒卷曲尚圆紧，形如拳状。秀眉、片茶为细筋嫩梗、轻身细条、茶片、碎末。

第二节 黄茶制造

一、蒙顶黄芽茶

鲜叶：春分前后开采，芽叶标准为：单芽、芽、叶初展（俗称"鸦鹊嘴"），芽头肥壮。

杀青：用锅口径 50 厘米左右，用木炭加热。

初包：乘热用纸将杀青芽叶包好，注意保持叶温，中间翻叶一次，促进闷黄均匀。

二炒：继续散失水分，去除闷气味。注意理直茶条，炒到含水率 45％ 左右。

复包：促进黄变。注意保持一定温度，时间 60 分钟左右。

三炒：含水率下降到 30％～35％ 为适度。

摊放：使芽叶水分重新分布，促进黄色黄汤，厚度 5～7 厘米，注意保温，时间 36～48 小时。

整形提毫：整形以形成扁直、光润、翻毫的外形，操作以理直、压扁为手法，茶香浓郁，即可出锅。

烘焙：每 3～4 分钟翻一次，含水率 5％，下烘摊放。再包装贮藏。

品质特点：外形扁平挺直，嫩黄油润，全芽披毫。汤黄明亮，甜香浓郁，味甘而醇，叶底全芽黄亮。

二、君山银针茶

鲜叶：清明前 7～10 天开采。芽头（单芽）长 25～30 毫米，宽 3～4 毫米，芽蒂长 2～3 毫米，芽头内包含 3～4 片叶子，肥壮重实。

摊青：摊放 4～6 小时，中间不翻叶，减重 5％ 开始杀青。

杀青：用斜锅，口径 60 厘米。锅温 120℃左右。投叶量 300 克，减重 30％为杀青适度。

摊凉：散发热气，10～20 分钟。

初烘：温度 50～60℃，5～6 分钟翻动一次，烘到五六成干，历时 25 分钟左右。

摊凉：摊放时间 10～20 分钟。

初包闷黄：用牛皮纸包茶，每包 1 000～1 250 克，置铁桶或枫木箱中 40～48 小时。中间要翻动一次。

复烘：每包分成 5 盘上烘，温度 45～50℃，10～15 分钟翻一次，烘至八成干，历时 60 分钟左右。

摊凉：视闷黄程度，决定凉包或热包，继续闷黄。

复包闷黄：将牛皮纸包好的茶叶置于箱中，待茶芽色泽金黄，香气浓郁为适度。历 22 小时左右。

足火：温度 50～55℃，投叶量 500 克，烘到含水率 5％为度。

拣剔：银针以芽直、壮、亮为上，剔除瘦弱、弯曲、暗滞。

贮藏：将石膏烧熟捣碎，垫在枫木箱底部，将茶叶用牛皮纸包好放入，适时更换熟石膏。

品质特点：外形芽头苗壮挺直，大小长短均匀，白毫完整鲜亮，芽色金黄，有"金镶玉"的美称。香气清郁，滋味甘甜醇和，叶底黄亮匀齐。

三、远安鹿苑茶

鲜叶：清明前后 15 天采摘。采 1 芽 1 叶或 2 叶，1 芽 2 叶采回后，除去第二叶，称"短茶"，摊放 2～3 小时后杀青。

杀青：锅温 160℃，投叶量 1～1.5 千克，时间 6 分钟左右。炒到五六成干时起锅，趁热闷堆 15 分钟左右，散堆摊放。

炒二青：锅温 100℃左右，投入湿坯 1.5 千克，适当抖炒散失水分，进行整形搓条，达七八成干出锅，时间 15 分钟左右。

闷堆：将茶坯堆积在竹盘内，拍紧压实，上盖湿布，闷堆 5～6 小时，促进黄变。

拣剔：剔除扁平、团块茶和花杂叶。

炒干：温度 80℃，投叶量 2 千克，茶条回软后，继续搓条整形，时间约 30 分钟，达到足干，含水率 5％左右起锅摊凉，包装贮藏。

品质特点：外形色泽金黄，白毫显露，条索环状；汤色绿黄明亮，清香持久，滋味醇厚甘凉，叶底嫩黄匀整。

四、黄大茶

鲜叶：立夏前后开采。鲜叶标准为 1 芽 4 叶、1 芽 5 叶。

炒茶：分生锅、二青锅、熟锅，三锅相连作业，用竹枝扫把炒茶。操作：生锅满锅旋，青锅带把劲，熟锅钻把子。锅温依次 180～200℃、150～180℃、130～150℃，投叶量 0.25～0.5 千克，全程 9～15 分钟。

初烘：温度 120℃，投叶量每烘篮 2.0～2.5 千克，历时 8 分钟左右，2～3 分钟翻一次，七八成干下烘。

闷黄：初烘叶装篓，堆积闷黄 5～7 天。

烘焙：分拉小火、拉老火。小火（毛火）低温慢烘到九成多干。老火 130℃，每烘篮盛叶 12.5 千克，两人抬篮走烘，烘 40～60 分钟，走烘 160～240 次。火功高，干度足，色香味充分发展，待烘到茶梗折之即断，梗心呈菊花状，入口酥脆，香味浓烈，茶梗金黄光泽显露，芽叶上霜，下烘趁热踩篓包装。

品质特点：外形梗壮叶肥，叶片成条，梗叶相连似钓鱼钩，梗叶色泽黄润，汤色深黄，叶底黄褐，味浓醇厚，具有高爽的焦香。

第三节　黑茶制造

一、安化黑毛茶

鲜叶：一级以 1 芽三四叶为主；二级以 1 芽四五叶为主；三级以 1 芽五六叶为主；四级以对夹叶新梢为原料。以生产 3、4 级黑毛茶压制花砖、黑砖为大宗。

杀青：钭锅口径 80～90 厘米，锅温 280～300℃，单锅投叶量 4～5 千克，时间 2～3 分钟。因鲜叶含水率低，晴天鲜叶要"洒水灌浆"。

揉捻：趁热揉捻，以采用中型揉捻为好。初揉 15～20 分钟，复揉时间 10～15 分钟。

渥堆：室内温度要在 25℃ 以上，湿度 85％ 左右。揉捻叶不解块直接堆积，堆高 70～100 厘米，注意保温保湿。茶坯含水率保持在 65％ 左右，叶温可从渥堆开始时的 30℃，逐渐上升到 40℃ 以上，整个过程 24 小时左右。叶色黄褐，有酒糟气或酸辣气，即可开堆复揉。

干燥：传统制法，用七星灶烘焙，以松木做燃料，以形成油黑色和松烟香味。灶上架竹编的透气簾子，松柴燃烧形成的热空气带有轻微的烟雾，从灶孔进入烘床底部，上升穿透摊叶层，带走水分，待烘茶坯层层叠加，长时间一次烘干。三、四级黑茶多日晒干燥。

品质特点：外形条索卷折，色泽黄褐油润（忌暗褐）；内质香味纯和，汤色橙黄，叶底黄褐（忌红叶）。

二、湖北老青茶

鲜叶：一、二级（洒面茶、底面茶）"乌巅白梗红脚"，即新梢上部绿色下部已由绿变红。三级（里茶）即更粗老。

初制分杀青、初揉、初晒、复炒、渥堆、晒干。粗老的里茶原料简化为杀青、揉捻、渥堆、晒干。

杀青：用锅式杀青机，锅温 300～320℃，单锅投叶量 8～10 千克。杀青前加水"灌浆"。

初揉：趁热揉捻，时间 10 分钟左右，投叶量按机型大小酌定。

初晒：用日晒。茶条略感刺手，含水率 40％左右为度。

复炒：锅温 160～180℃，加盖闷炒 1.5～2 分钟，出现大量水汽，即可出锅趁热复揉。

复揉：以做紧条形，挤出茶汁的目的。揉捻 4～5 分钟。

沤堆：洒面、底面茶含水率 26％左右，里茶含水率 36％为适。按级分别筑成小堆，边缘部分要筑紧踩实，促使茶堆温度逐步上升。经 3～5 天，面茶堆温达 50～55℃，里茶堆温达 60～65℃，茶堆顶部满布水珠，面茶叶色黄褐，里茶叶面为"猪肝色"，茶梗变红，及时翻堆，继续沤 3～4 天，含水率达 20％，即为适度。

晒干：晒到含水率 13％左右为适度。

品质特点：洒面茶条索较紧结，无敝叶；底面茶叶片成条；里茶叶片卷皱。不带枯枝、老梗、麻梗、鸡爪枝、落地叶、病虫腐烂叶和其他夹杂物。色泽：洒面茶乌绿油润，底面茶欠润泛黄，里面茶黄绿微花杂。含梗量：洒面茶、底面茶 18％～20％；里茶不超过 25％。

第四节　青茶（乌龙茶）制造

一、武夷岩茶

焙制技术掌握根据是：①鲜叶含水率；②茶树品种特性；

③鲜叶嫩度；④天气状况；⑤前道工序适度掌握之差异；⑥前后工序衔接。

传统工艺为：鲜叶、萎凋（日光、加温）、凉青、摇青与做手、炒青、初揉、复炒（炒熟）、复揉、水焙、簸、凉索、毛拣、足火、团包、炖火、成茶。现行工艺分：鲜叶、萎凋、做青、杀青、揉捻、烘焙、成茶，计五大工艺工序。

鲜叶：以新梢芽叶伸育均臻完熟，而形成驻芽，采3～4叶，俗称"开面采"，以中开面为好，即第一叶叶面平展，叶面积为第二叶的2/3左右。

萎凋：以叶色转暗绿，叶面光泽消失，微带清香，顶二叶下垂而稍有弹性，减重率为10%～16%，失水均匀。具体操作：①日光萎凋：避免强日曝晒，叶面温度应在40℃以下，每平方米摊叶0.5～1千克，历时20～40分钟，中间翻动1～2次；②室外萎凋：光照弱，气温22～30℃，摊叶每平方米1～1.5千克，历时80～100分钟，每30分钟翻叶一次；③室内萎凋：用于晚间或雨天，室温20～30℃，每平方米摊叶1～1.5千克，每小时翻叶一次，到萎凋适度；④加温萎凋：热风温度32～40℃，萎凋槽每平方米摊叶7～8千克，每20～40分钟翻一次，历时1～1.5小时。

凉青：叶色由暗转亮，叶态由软转硬（俗称"还阳"）。日光萎凋后移入室内，摊放散热，防止风吹、日照，历时0.5～1小时。

做青：做青适度，叶色转黄绿，叶脉明亮，呈龟背形，部分青叶"绿叶红边"，透发清香（品种香、花果香）减重率为萎凋叶的8%～16%。①手工操作：用竹制"水筛"，掌握转数先少后多，摊叶先薄后厚，等青时间先短后长，发酵程度逐渐加重。摇青、等青作业多次反复，历8～10小时。②机械做青：若结合加温萎凋，即在做青机内同时进行，减重率为鲜叶的25%～

35%。具体操作：鲜叶投入做青机、转动吹热风、转动吹冷风、转动摇青、翻动凉青。摇青、凉青反复 6～8 次，静置到发酵适度下机。历 8～12 小时。

杀青：滚筒杀青机筒壁温度 260～290℃，手工锅壁 220～240℃，减重为做青的 18%～22%。

揉捻：趁热揉捻，适当重压，要求成条率 90%，历时 5～10分钟。

初烘：高温薄摊快速，减重率为杀青叶的 25%～29%，手工焙笼温度 100～110℃，摊叶厚 2～3 厘米，烘干机进风温度 120～150℃，摊叶厚度 1.5 厘米。

凉索：摊叶厚度 3～5 厘米，历 1～2 小时。

烘干：焙笼温度 70～90℃，烘干机进风口温度 100～120℃，含水率 7%以下。

品质特点：味甘泽而香馥郁。香久益清，味久益醇，叶缘朱红，叶底软亮，具有绿叶红镶边的特征。茶汤金黄或橙黄，清澈艳丽，香气有幽兰之胜，锐则浓长，清则幽远，味浓醇厚，鲜滑回甘，有"味轻醍醐，香薄兰芷"之誉，即所谓"品具岩骨花香"（简称"岩韵"）。

二、安溪铁观音茶

采制技术从采摘开始，经摊青、晒青、晾青（或静置）、摇青、炒青、揉捻、初烘、初包揉、复烘、复包揉、足干等十几道工序。

鲜叶：当新梢形成驻芽时，采 2～4 叶嫩梢，以驻芽三叶最好，嫩度以"中开面"为适。

摊青：鲜叶进厂摊青散热，待下午集中晒青。

晒青：一般在下午阳光转弱时进行，晒到叶子呈萎软状态，手持叶梢基部，顶二叶下垂，叶面光泽消失，略有清香，减重率

8%～10%，即移入晾青间。

晾青：待叶温下降，叶内水分重新分布，即可开始摇青。

摇青：摇青间温度20～24℃、湿度80%，摇青机转速28～30转/分。正常情况下，4次可完成摇青。铁观音摇青较重。第一次摇3～4分钟，促进叶梢水分均匀分布，恢复青叶生机，俗称"摇匀"，摇后薄摊，静置1～1.5小时；第二次摇6～8分钟，摇后稍有青气，叶梢略呈"复活"状态，俗称"摇活"；第三次静置2～3小时，待表面叶子稍平伏，锯齿变红，叶面绿色转浅，开始第三次摇青；第三次摇青时间在第二次基础上增加一倍，这一次是控制多酚类氧化程度的重要阶段，俗称"摇红"。摇后青气浓烈，叶质挺硬，下机摊叶加厚，3～4小时静置，叶缘红边扩展，转浅绿色，叶缘背卷。第四次是"摇香"，摇青时间看做青叶叶缘红变程度而定，摇到微有青气下机，静置摊叶厚度，早春和晚秋气温低时，应堆成"凹"字形，以提高叶温，减少失水，促进内含物转化。经3～4小时静置，叶面黄绿，叶缘呈朱砂红，叶面红点显现，红边鲜艳，叶态背卷，呈汤匙状，并出现浓郁的熟香，为做青适度。做青总历时10～12小时，做青叶含水率65%左右。

炒揉：以高温短时，多闷少透为原则。要求热揉、重压、快速。叶子卷紧成条即可。

初烘：高温、快速，使叶受热，可塑性增强，黏性加大，便于包揉造形。

包揉：用包揉机，待初步成卷曲状，下机复烘、复包揉。复烘、复包揉可反复2～3次，至外形卷曲重实。最后一次包揉，球包紧扎，放置定型0.5～1小时。

干燥：采用低温慢焙。

品质特点：外形紧结，色泽鲜润，富光泽，内质香气清幽细长，胜似幽兰花香，汤色金黄明亮，饮之齿颊留香，甘润生津，香味具有独特的"观音韵"风味。

三、凤凰单枞茶

鲜叶：新梢形成对夹 2～3 叶为宜，晴天下午 2～5 时采摘。

制茶包括晒青、凉青、碰青、杀青、揉捻、干燥等工序。晒青用圆筛薄摊，置于木架上；碰青又称做青，是关键工序，其间碰青与静置多次重复，一般为 5～6 次。碰青力度由轻至重，次数由少渐多，静置时间根据茶青化学变化进程，以看色和嗅味而定。做青适度，叶片"二分红八分绿"，俗称"红边绿腹"，形成倒汤匙状，有花香。当天采的鲜叶，当天制完。

品质特点：成茶有"形美、色翠、香郁、味甘"四绝。外形挺直肥硕油润，花香清高，滋味浓郁、甘醇、爽口、回甘，有特殊的山韵蜜味，汤色橙黄清澈明亮，叶底青蒂腹红镶边。

四、冻顶乌龙茶

鲜叶：开面一二日，其下 2、3 叶叶片尚未硬化为好。早青（上午 10 时前），中午青（下午 3 时前），晚青（下午 3 时后）分别制造。入厂鲜叶薄摊散热，当日制完。

日光萎凋：每平方米摊叶 0.4～0.6 千克，温度 30～35℃，不超过 40℃。叶质柔软，散发清香，第二叶已失去光泽为适度。

静置和搅拌：移入室内静置 1～2 小时，即行第一次搅拌，动作宜轻，时间亦短，以免过度损伤发生"积水"状态。空气干燥时，应防止失水太快。随搅拌次数增加，动作渐次加重，每次搅拌时间也随之加长，摊放厚度逐渐增加，一般以搅拌 3～5 次为宜。最后一次搅拌后，静置到青气味消失，香气逐渐增强时，进行炒青。

杀青：炒青 140～160℃为宜，时间 5～7 分钟，叶片柔软，茶梗折不断，芳香扑鼻时即可。

揉捻：5～10 分钟为宜。布球形包种茶之团揉，应特别注意温度、时间和茶叶含水量的适当配合，防止"闷味"。

解块：解散团块，及时干燥。

干燥：初干温度 110～150℃ 为宜，烘到有刺手感为度（含水率 30％～35％）。摊凉后再揉。

整形：即再揉，用特制的布袋揉捻。先炒热（温度 60℃ 左右）后装袋，每个布袋装 2.2～2.5 千克，结紧，送入布袋型揉捻机中揉三次，时间分别为 5、10、15 分钟，每次揉毕取出重新结紧。将茶叶倒出，复炒再复揉 3 次。

干燥：用烘干机，高级茶用焙笼。

品质特点：外形：条索半球形紧结整齐，干燥充分无焦状，幼枝嫩叶连理，红梗、片末已清除。色泽：鲜艳墨绿带丽色，调和清净不掺杂，金黄红边色隐存，银毫白点蛙皮生。汤色：澄清，鲜艳墨绿，澄清明丽水底光，琥珀金黄非上品，碧绿青翠亦纯青。香气：清气扑鼻飘而不腻，源自茶叶入口穿鼻，一再而三者上乘。滋味浓厚新鲜无异味，青嗅苦涩非珍品，入口生津富活性，落喉甘滑韵味强。

第五节　白茶制造

一、白毫银针茶

鲜叶：茶树品种为政和大白茶或福鼎大白茶，选春季肥壮芽梢，以台刈后萌发的首批春茶最为肥壮，采其肥芽或 1 芽 1 叶。

先剥后晒法。

剥针：手持芽梢基部，将鱼叶和真叶剥去，留下长梗和肥芽，称"鲜针"。

萎凋：鲜针摊于水筛，切勿重叠，置通风之晾青架上萎凋，或置弱阳光下日光萎凋，切忌翻动，至八九成干。

干燥：可烘，也可晒。烘干温度 30～40℃，晴天可晒到足干。

先晒后剥法。

晒针：芽梢摊于水筛，置弱阳光下晒，称"晒毛针"。晒至八九成干时，移入室内"抽针"。晒针以晴朗干燥的北风天为好。

抽针：抽取芽蕊，剥除鱼叶、真叶。

烘干：用文火烘到足干。

先凉后烘法。

遇阴雨天，采用室内自然萎凋，至减重 30％后，用文火烘至足干。

品质特点：外形芽壮肥硕显毫，挺直似针，毫白如银，色泽银灰；汤色杏黄，滋味醇厚回甘，毫香鲜活。白毫银针性寒，有降火退热、解毒之功效。

二、白牡丹茶

鲜叶：采自福鼎大白茶、政和大白茶、水仙或仙台大白等良种。鲜叶标准：1 芽 2 叶初展，要求芽、第 1 叶、第 2 叶密披白毫，毫洁白。即"三白"。

室内自然萎凋法：鲜叶均匀薄摊于水筛内，切勿重叠。水筛置凉青架上。控制室内温度、湿度，防止雨雾入侵。室温以20～25℃、湿度 70％～80％为宜，经 36～40 小时左右，毫色转白，芽尖嫩梗翘起，称"翘尾"，翘起的芽尖嫩梗穿过筛眼，称"穿筛"，萎凋已七八成干，可以并筛。

并筛即将 2 筛萎凋叶合并为 1 筛，匀摊后继续萎凋。并筛可促进叶缘垂卷，防止贴筛形成平板状。大白茶要并 2 次。并筛叶摊成"凹"状，提高叶温，保持湿度，促进化学变化。

九成干时用烘笼烘干，温度 70～80℃，每笼投叶量 1 千克，

20 分钟可达足干。若八成干温度 90～100℃，烘到九成干，再 70～80℃烘至足干。

雨天可以用加温萎凋法，湿度 28～32℃，湿度 65％～70％ 为宜，历 35～38 小时，达六七成干，堆厚 10～15 厘米，历3～4 小时，即可烘干。

品质特点：外形肥壮，芽叶连枝，叶缘垂卷，叶态自然，叶色灰绿，夹有银白毫心；汤色杏黄明亮，毫香鲜嫩持久，滋味清醇微甜，叶底嫩匀完整，叶脉微红，布于绿叶之中，有"红装素裹"之誉。

第六节　红茶制造

一、祁门工夫红茶

鲜茶：采摘标准为 1 芽二三叶及同等嫩度对夹叶。鲜叶分级见第一章第二节。

初制分萎凋、揉捻、发酵、烘干等工序。

萎凋：方法有：日光萎凋、室内自然萎凋、加热通风萎凋。目前广为应用的是日光萎凋和萎凋槽。萎凋槽操作技术：①温度：热空气温度以 32～34℃为宜。夏秋季气温干燥情况下，可以不加热。雨水叶先自然通风蒸发表面水，再加温。②摊叶厚度：按每平方米 16 千克左右。厚度约 20 厘米。③翻拌：每小时1 次，雨水叶前期半小时 1 次。④时间：按鲜叶嫩度、含水率灵活掌握，以不少于 8～10 小时为好。萎凋叶叶色暗绿、叶面软皱、叶质柔软、手握成团，叶脉、叶柄折而不断，含水率58％～64％，春茶宜重（失水多）、夏秋茶宜轻（失水少）。

揉捻：掌握原则为嫩叶少揉，老叶重揉，要揉紧茶条、充分揉出茶汁。主要技术因子是投叶量、加压、时间。

大型机（R920 型），特级、一级分三次揉，每次 30 分钟，投萎凋叶 140～160 千克，第一次不加压，后 2 次加压 10 分钟，减压 5 分钟，重复一次。二级以下分两次揉，每次 45 分钟，投萎凋叶 130～140 千克，第一次不加压，第二次揉捻加压 10 分、减压 5 分，重复二次。每次揉捻后解块筛分。

中型机（R650 型）投萎凋叶 55～60 千克，分 2 次揉，特级、一级鲜叶，每次 35 分钟，二级以下鲜叶每次 45 分钟，加压和鲜块筛分可参照大型机。

揉捻适度，条索紧卷，成条率 90％以上，茶汁外溢，用手紧握不滴落。

发酵：发酵室要求空气流通避免阳光直射，室温在 24～28℃左右。室内温度 98％以上。发酵室内安放木架，分层放置发酵盒。揉捻叶松散铺在发酵盒内，厚度 8～12 厘米，嫩叶宜薄，老叶稍厚。发酵时间（从揉捻开始算起），春茶 3～5 小时，夏秋茶 2～3 小时。茶叶青气消失，发散出浓厚的熟苹果香，叶色红变，春茶黄红色，夏秋茶红黄色，嫩叶色泽鲜艳均匀，粗老叶色较暗，为发酵适度。

烘干：分毛火、足火。毛火温度 100～110℃，时间 15～16 分钟，摊叶厚度为 1～2 厘米。毛火后摊凉 1～2 小时。足火温度 80～90℃，时间 15～20 分钟，摊叶厚度 2～3 厘米。毛茶含水率达到 6％为适度，摊凉半小时左右装袋。

精制采用分路加工，主要分为长身路、圆身路、轻身路、碎茶路、片茶路、梗片头路。精制作业主要工序有：毛筛、切断、抖筛、分筛、撩筛、风选、紧门、套筛、拣梗、拼和、补火、装箱。除拣剔采用手工辅助外，其余都是机械化生产，大部分是联装作业。

本长身路的工艺流程是：毛筛、毛抖、分筛、紧门、套筛、撩筛、风选、拣剔。

圆身路的茶坯是来自长身路的各类头子茶，经反复切断筛制。其工艺流程是：切扎、抖筛、平圆分筛、撩筛、风选、机拣、手拣。

轻身路的茶坯，来自本、长、圆各路风选 2～4 口茶，经筛制作本级或降级轻身茶，最后剩少量头子茶交梗片头路处理。其工艺流程为：分筛、风选、拣梗。

片茶路的茶坯是各风选机 3～4 口以下不能提取轻身茶的茶片。其工艺流程为：破碎、分筛、风选。筛制后剩少量头子交梗片头路处理。

梗片头路的茶坯是手拣的梗朴和机梗的梗头、圆、轻、片路最后的茶头。经切断、分筛、撩筛、风选、拣剔、做完为止。

精制分离出的各路、各级、各筛号茶，按标准样，先拼小样，按确定的小样拼大堆，补火后匀堆装箱。

品质特点：一级祁红工夫外形条索细嫩，含有多量的嫩毫和显著的毫尖。长短整齐，色泽乌润。内质香味浓，有鲜甜清快的嫩厚香味，形成独有的"祁门香"风格，汤色红艳，叶底绝大部分是嫩芽，色鲜艳匀整美观。

二、C.T.C 红碎茶

鲜叶：采摘标准为 1 芽 2 叶、1 芽 3 叶初展和同等嫩度对夹叶。

萎凋：鼓风或自然风萎凋，冬春季节空气湿度大，鼓热风萎凋。摊叶厚度 15 厘米，萎凋过程翻叶 1～2 次，萎凋叶质地柔软，叶色转暗，紧握成团，松手自然散开，含水率 70% 左右为萎凋适度。鼓风萎凋全程时间 12～18 小时。

揉切：采用肯尼亚 C.T.C 生产线，先经"洛托凡"挤揉，接着 3 对 C.T.C 齿辊连切，全程时间要求不超过 2 分钟，3 对齿辊间距分别为 1.2、1.0、0.5 毫米。

烘干：采用 50 型烘干机，一次烘至足干，毛茶含水率 5%以下。

拣梗：采用卧式静电拣剔机，将较粗的毛梗分拣后精制。

精制工艺简单分：平圆分筛、风选、拣剔。分筛筛网为 8、10、16、24、40、8 号茶、10 号茶、16 号茶、24 号。分离出的各筛号茶，分别风选，正口茶经电拣分别为碎茶三号、碎茶二号、碎茶五号、末茶。子口以下茶电拣后作片茶。

品质特点：外形色泽乌润，颗粒均匀；内质香气高锐持久，汤色红艳明亮，金圈明显，滋味浓厚，强烈、鲜爽，叶底红匀鲜艳。

加奶审评：香气醇和，汤色粉红，滋味浓厚，强烈，爽滑。

第七节 花茶制造

一、横县茉莉花茶

鲜花：茉莉花的收花期在 5～10 月，每隔 28～30 天有一次开花高峰。春花小，每千克 3 500～4 200 朵；伏花大，每千克 3 000～3 200 朵，秋花介于二者之间。双瓣茉莉在夜晚 2～10 时开花，采摘鲜花在午后进行。采花的标准是：花色洁白，花蕾饱满，含苞欲放。鲜花含水率 80%～83%。

花茶坯制备：横县茉莉花茶素坯，有广西各地的烘青，也有云南等外省原料，以大叶种为主，还有适当搭配的中小叶种烘青绿毛茶。

毛茶加工：先复火，再通过筛、切、拣、风等工序，分离出各路、各级、各筛号茶，对照实物标准样拼配成茶坯。茶坯有特级、1～6 级、三角片等。

复火待窨：窨花前，茶坯在 110～120℃的温度下烘 10 分

钟，含水率要求：1、2 级为 4%～4.5%；3～4 级为 4%～
4.8%；5、6 级为 4.5%～5.0%，窨前花坯温度保持在 30～
33℃为宜，烘干后自然冷却 3～7 天，付窨。

鲜花处理：窨制前含苞欲放的茉莉鲜花，采收运输到厂后，
要摊放散热，摊凉厚度不超过 10 厘米。雨天采摘的鲜花，要通风
散失表面水。茉莉开放吐香温度，以 33～35℃为宜，摊放后收拢
堆积，以提高花温，促进开花。堆高 40～60 厘米，当堆内温度上
升，及时摊开散热，再收堆保温，反复堆摊 3～4 次，当茉莉花蕾
膨胀体积增大，有 85% 的鲜花花瓣微开，即可开始窨花拼和。

玉兰（又称白兰花）花香强烈，用来"打底"以提高茉莉花
茶的花香浓度，衬托花香的鲜灵度，玉兰下花量按茶坯的
1%～1.5%。

窨花拼和：窨花时，先将茶坯摊放在洁净的地面，厚度20～
25 厘米，先将玉兰摊匀，再将茉莉花均匀摊放在茶坯上，把茶
与花混合均匀，堆高 30～40 厘米，最后用茶坯在堆面薄撒一层，
盖上显露的花蕾。

通花散热：经 4～5 小时，当茶堆温度升到 40～50℃，及时
开堆，通花散热，当温度下降到 33～38℃时，收堆续窨。头窨
通花温度 45～50℃，35～38℃收堆；二窨通花温度 43～45℃，
34～37℃收堆；三窨通花温度 40～43℃，33～36℃收堆。

筛分起花：窨花 9～12 小时，筛分分离茶、花，俗称起花。

复火续窨：起花后茶坯含水率为 14%～16%，即时复火，
复火温度：头窨 110～115℃，二窨 100～110℃，三窨 95～
105℃，复火后茶叶含水率：头窨 4.5%～5%；二窨 5%～
5.5%；三窨 5.5%～6.5%。

提花匀堆装箱：窨花结束后，用优质鲜花与茶坯拼和，静置
6～8 小时，即时分离茶、花，俗称提花。以提高花茶鲜灵度，
又要防止茶叶吸水过多。提花结束，匀堆装箱。

品质特点：横县茉莉花茶条索紧细，匀整、显毫，香气浓郁，鲜灵持久，滋味浓醇，叶底嫩匀。

二、其他花茶窨制简介

窨制花茶用香花的一般要求：①花朵成熟时，花瓣、花序中游离芳香物质含量丰富，或伴随着花朵开放过程产生芳香物质；②鲜花香型优良，具有悦鼻清鲜的功能；③符合食品卫生要求；④花香与茶味协调性好。

窨制花茶的鲜花种类：除目前使用最广泛的茉莉花外，主要还有白兰花（又称玉兰）、珠兰花、玳玳花、柚花、桂花、玫瑰花、含笑花、秀英花、兰花等。

花茶窨制技术条件：由于鲜花作物的植物学特征、生物学特征不同，不同种类的鲜花成熟期、花季长短、花开习性、吐香的环境条件，以及茶叶吸收花香后，芳香物质在茶叶贮藏期的理化变化，各具特点，窨制的技术条件也不同。具体地说：①下花量：同种鲜花花量多少，影响花香浓度。不同鲜花，下花量差异很大，少的只有茶叶重量的几个百分点，多的可以达几十个百分点。②茶坯含水率和复窨时坯温。③鲜花采摘时的成熟度，采摘后窨花拼和前的鲜花处理、养护。④窨制过程的工艺条件。⑤窨制后贮藏期花香茶味的变化及相应的技术措施。窨制花茶是一种古老的传统工艺，但其中还有许多称得研究的问题，如鲜花芳香物质利用率等。

第八节　紧压茶制造

一、湖南黑砖和花砖制造

湖南黑茶成品有"三尖"和"三砖"之称。"三尖"即天尖、贡尖、生尖。为一二级黑毛茶经筛分、风选整理后，符合规格要求的半成品，再经蒸压、干燥而成的篓装茶。"三砖"即黑砖、花砖、茯砖。下面以黑砖、花砖为例，简介砖茶制造。

　　毛茶拼配：黑砖原料以三级黑毛茶为主，拼入部分四级，总含梗量不超过 18%。花砖以三级黑毛茶为原料，总含梗量不超过 15%。

　　筛制整理：毛茶先用滚圆筛筛分，筛网为 2、2、3.5、3.5 孔。头子茶风选隔除砂石后，破碎待拼，筛下茶用 2、9、24 孔平圆筛分、风选后待拼。

　　砖茶压制：分称茶、蒸茶、预压、压制、冷却、退砖、修砖、检砖等 8 个工序。

　　称茶：按砖茶规格重量 2 千克称茶，规定含水量为 12%，如水分超过规定，要按标准补足，还要增加加工损耗，以保证成品重量规格。

　　蒸条：茶坯通过蒸条器，在每平方厘米 6 千克的蒸气压力条件下，汽蒸 3～4 秒钟，蒸后茶坯变软富有黏性，含水率上升到 17% 左右。

　　预压：蒸好的茶坯装入砖模，预压缩小体积。盖上隔板，再装蒸坯，每模装两片砖茶原料。

　　压制：用 80 吨压力机压砖。注意压力大小一致，砖片厚薄一致。

　　冷却：固定茶匣，静置冷却定型，要求时间不少于 100 分钟。

　　退砖：将压制定型的茶砖，退出茶匣。

　　修砖：将砖茶边、角修削整齐。要求符合砖茶外形规格。

　　检砖：一检外形规格；二检厚薄一致（正负误差为 0.16 厘米）；三检重量规格（正差 2.5%，负差 1.25%）；四检含水率（要求 17% 左右）。

　　烘房干燥：茶砖进烘房，应有规则地排列在烘架上，由里而外，由上而下，砖体侧立，间距 1 厘米左右，整间烘房排满后，即可生火烘干，温度先低后高，均衡上升。具体操作：开始温度38℃，第一天到第三天，每 8 小时升温 1℃；第四天到第六天，每 8 小时升温 2℃；烘房最高温度不超过 75℃。在气候正常情况下，适时打开门窗，通风排湿，加快烘干进程。待砖体含水率下降到 13％以下，停火出砖，全程历时 8 天左右。

包装入库：包装前对砖片重量和包装材料进行严格的检查。包装操作要规范，入库堆放要码齐，仓库注意要防潮。

品质特点：黑砖规格为 35 厘米×18 厘米×3.5 厘米，净重2 千克，色泽黑褐，香气纯正，滋味浓厚微涩，汤色红黄微暗，叶底老嫩匀称。

二、云南下关沱茶

毛茶：制造沱茶的原料，按沱茶类型选用滇西南产的云南大叶种晒青、烘青、普洱、滇红毛茶。

下关沱茶加工工艺流程为：毛茶、筛分、风选、拣剔、拼堆，即制成半成品。包心和洒面半成品分别称重、装模、蒸压、定型、干燥、包装。

品质特点：下关沱茶外形要求碗状，碗口端正，紧结光滑，白毫显露。具体地说，晒青型甲级沱茶（属绿茶类）净重（克）50±9％，口径61 毫米，高33±2 毫米；色泽绿润，香气纯浓持久，汤色橙黄明亮，滋味浓厚醇和，叶底嫩匀明亮。

普洱型沱茶（属黑茶类）净重（克）100±4.5％、250±3％两种规格，色泽褐红，香气陈香，汤色红浓，滋味醇和，叶底稍粗，呈猪肝色。

此外，还有晒青茉莉花小沱茶、烘青茉莉茶小沱茶、玫瑰红茶小沱茶、普洱菊花小沱茶等，外形基本相同，色泽和风味各异。

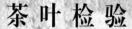

第九章

茶 叶 检 验

第一节 茶叶检验基本知识

一、质量检验的一般职能

产品质量检验，按目的、作用的不同可以分为第一方检验（生产检验）、第二方检验（验收检验）和第三方检验三种。

1. 生产检验 为了维护企业声誉，掌握产品质量资料，预防由于产品质量问题给企业带来的损失和风险，对原料和生产的半成品、产成品进行的检验活动。具体地说，即由企业质量检验机构按技术标准、图样或工艺规范，对原材料、半成品、产成品的质量特性进行检测、比较、判定的过程。

2. 验收检验 是买方（包括经营者、消费者）为了维护自身的利益，保证购买到的产品符合需要，以便于销售和使用，对所购买的产品进行的检验。

3. 第三方检验 一般是介于生产厂家和用户之间的中立方的检验。当买卖双方发生质量争议需要仲裁时，或买卖双方在贸易成交前需要有关质量特性的结论时，由局外者进行的质量检验，以协调买卖双方的经济利益。第三方检验有利于商品流通活动的正常进行。国家为了对经济活动进行行政干预，对产品实施质量监督（即监督检验），这是更严格、更典型、更高层次的第三方检验。监督检验由国家技术监督局负责统一组织和实施。此外，为了维护国家利益，对进出口商品质量进行检验，这是对外贸易管理部门代表国家行使的对进出口商品进行的宏观质量管理，也是高层次的第三方检验。进出口检验由国家商品检验局负责统一组织和实施。还有业务主管部门，对本行业系统内的产品，开展的质量评比活动，基本上也属于第三方检验。质量评比具有质量监督和质量咨询的双重职能。由于第三方检验的检验机构不以营利为目的，检验活动中不涉及自身的经济利益问题，所以具有中立性、公正性和权威性。监督检验和进出口检验还具有强制性。

名优茶质量检验可以采用茶叶检验的各种标准试验方法。然而在名优茶开发中，名优茶的评比，由于质量检验的目的和要求，与常规的生产检验、验收检验和第三方检验有所不同，所以方法也不完全一样。

茶叶检验主要包括：感官品质检验、理化品质检验、安全卫生检验。本书仅介绍感官品质检验。

二、茶叶感官检验设备

茶叶感官检验设备是质量检验的基本条件，设备性能良好，是保证检验工作质量的前提。必须严格按 GB/T 18797—2012《茶叶感官审评室基本条件》执行。

1. 茶叶感官检验室　感官检验室要求光线均匀、充足，避免阳光直射。地处北半球地区的评茶室应背南朝北，窗户宽敞，不装有色玻璃。北面透射的光线早晚都较均匀，变化较小。为了避免窗外反射光的干扰，宜在北窗外沿，装一突出倾斜30°的黑色斜斗形的遮光板，用以遮障外来直射的光线及窗外其他有色的干扰物，使光线从斜斗上方玻璃射入，评茶台面光线柔和。干评台工作面光线照度要求约 1 000 勒克斯。湿评台面照度不低于

750勒克斯，为了改善室内光线，墙壁、天花板及家具均漆成白色。评茶台的正上方，可安装模拟日光的标准光管（4管或5管并列）备作自然光较差时使用。应使光线均匀、柔和、无投影，在恒温检验室，则作为主要的光源。

室内要求干燥清洁，最好设在楼上，以利保存样茶。室内最好是恒温（20℃±5℃）、恒湿（相对湿度70%±5%）。检验室最好与贮茶室相连，避免生化分析室、生产资料仓库、食堂、卫生间等异味场所相距太近，也要远离歌厅、闹市。确保宁静，室内严禁吸烟，地面不要打蜡，评茶人员不施脂粉，以免影响评茶的准确性。在有条件的单位，可建立休息室、洗浴室和更衣室。

茶叶感官检验室，又称评茶室，室内设有干评台、湿评台、样茶柜架等设备。

（1）干评台。评茶室内靠窗口设置干评台，用以放置样茶罐、样茶盘，用以审评茶叶外形的形态与色泽。干评台的高度一般为90～100厘米，宽50～60厘米，长短视审评室及具体需要而定，台面漆成黑色，台下设置样茶柜。

（2）湿评台。用以放置审评杯碗，冲泡评审内质用，包括评审茶叶的香气、汤色、滋味和叶底。一般湿评台长140厘米，宽36厘米，高88厘米，台面镶边高5厘米，台面一端应留一缺口，以利台面茶水流出和清扫台面，全刷白漆。湿评台设置在干评台后面。

（3）样茶柜架。审评室要配备适量的样茶柜或样茶架，用以存放样茶罐要放在评茶室的两侧，柜架漆成白色。

除审评用具外，评茶室陈设宜简单、适用，使评茶人员有整洁亮宽的感觉。

2. 检验用具

（1）样盘。亦称样茶盘，是审评茶叶外形用的。用硬质薄木板制成。有长方形和正方形两种，正方形一般长、宽、高为23

厘米、23 厘米、3 厘米，长方形为 25 厘米、16 厘米、3 厘米，木质无异味，漆成白色。盘的左上方开一缺口，便于倾倒茶叶。正方形盘方便筛转茶叶，长方形盘节省干评台面积。审评毛茶一般采用篾制圆形样匾，直径为 50 厘米，边高 4 厘米。

（2）审评杯。用来泡茶和审评茶叶香气。瓷质纯白，杯盖有一小孔，在杯柄对面的杯口，有一排锯形缺口，使杯盖盖着横搁在审评碗上，从锯齿间滤出茶汁。国际标准审评杯规格是：高 65 毫米、内径 62 毫米、外径 66 毫米，杯柄相对杯缘的小缺口为锯齿形。杯盖上面外径为 72 毫米，下面内径为 61 毫米，杯盖上面有一小孔。

审评杯的容量一般为 150 毫升，审评乌龙茶用钟形杯，容量为 110 毫升，审评杯盏均要求高低厚薄大小一致。

（3）审茶碗。为特制的广口白色瓷碗，用来审评汤色和滋味，审评碗容量为 150 毫升，瓷色纯白一致。国际标准的审评碗规格为外径 95 毫米、内径 86 毫米、高 52 毫米。

（4）叶底盘。审评叶底用，木质叶底盘有正方形和长方形两种，正方形长宽各为 10 厘米、边高 2 厘米，长方形长、宽、高为 12 厘米、8.5 厘米、2 厘米。通常漆成黑色。此外配置适量长方形白色搪瓷盘，盛清水漂看叶底。

（5）样茶秤。为特制的铜质称茶的衡器，称秤的杠杆一端有碗形铜质圆盘，置有 3 克或 5 克重的扁圆铜片一块，另一端带有尖嘴的椭圆形铜盘，用以装盛样茶。无称秤者，采用小型粗天平（1/10 克灵敏度）亦可。

（6）计时器。砂时计为特制品，用以计时，一般采用定时钟，5 分钟响铃报时。

（7）网匙。用细密铜丝网制成，用以捞取审茶碗中的茶渣碎片。

（8）茶匙。瓷质纯白，5 毫升容量，用以取茶汤。

（9）汤杯。放置茶匙、网匙用，用时杯中注入适量开水。

（10）吐茶筒。审评时用以吐茶及装盛清扫的茶汤叶底。有圆筒形或半圆形两种，圆形高 80 厘米、直径 35 厘米、蜂腰直径 20 厘米，两节，上节底设筛孔，以滤茶渣，下节盛茶汤水用。

（11）烧水壶。电热壶（铝制或不锈钢均可），或用一般烧水壶配置电炉或液化气燃具。

三、扦样

1. 样品的代表性　扦样又称取样、抽样或采样，是从一批茶叶中扦取能代表本批茶叶品质的最低数量的样茶，作为检验品质优劣和分析理化指标的依据，扦样方法是否正确，样品是否具代表性，是保证检验结果准确与否的关键。

茶叶检验对象，一般说是毛茶、精茶、再加工茶和深加工茶。每个样茶，都是由许多形态各异的个体组成，品质则是由诸多因子组成，十分复杂。即使是同批茶叶，形状上有大小、长短、粗细、松紧、圆扁、整碎的差异，有老嫩、芽叶、毫梗质地差异，内含成分有组分的多少，比例及质与量的差异。而且地域、品种、加工条件和工艺技术的不同，外形、内质是有许多差别的。即使经拼配的精茶，也有上、中、下三段品质截然差别的现象：上段茶条索较长略松泡，中段茶细紧重实，下段茶短碎之别；内质汤味有淡、醇、浓，香气有稍低、较高、平和之别；叶底上段茶完整下段茶短碎带暗，中段茶较为嫩软之别。正是由于茶叶具有不均匀性，要扦取具有代表性的样品，更需认真细致。从大批茶取样要准确，检验时的取样同样要准确。开汤数量只有3～5克，更需严格，这 3 克茶的审评结果，是对一个地区、一个茶类或整批产品给予客观正确的鉴定，关系着全局。因此说，没有样品的代表性，就没有检验结果的正确性。

2. 扦样方法　扦样的数量和方法因检验的要求不同而有所

区别，可按国家对样品的扦取标准 GB/T 8302—2013 规定执行。如收购毛茶的扦样，尚无标准规定，一般以扦取有代表性茶样，提供评茶计价够用为准。在扦样前，应先检查每件毛茶的件数，分清票别，做好记号，再从每件茶叶的上、中、下及四周各扦取一把，先看外形色泽、粗细及干嗅香气是否一致，如不一致，则从袋中倒出匀堆，从堆中扦取。有时需从一个大的茶堆中扦取样品，必须十分注意，必要时重新匀堆扦样。如果件数过多，也可抽若干袋重新匀堆后扦样。扦取的各茶样拼匀作为大样，从大样中用对角分样法扦取小样 500 克，供审评检验用（对角分样法：是将样茶充分混合和摊平一定的厚度，再用分样板按对角划"×"形的沟，将茶分成独立的 4 份，取 1、3 份，弃 2、4 份，反复分取，直至所需数量为止）。一票茶叶，扦取一个样品，如一票毛茶件数规定抽扦法扦取样品，但一般不要少于 1/3。扦样时，要注意茶叶的干燥程度和干香，如含水量过高或干香有异气味者，应根据具体情况，按照规定分别处理。

用于感官质量检验的茶样，从样罐中倒出，取 200～250 克放入样茶盘里，和匀后，用食指、拇指和中指抓取茶样，每杯用茶应一次抓够，宁可手中有余茶，不宜多次抓茶添增，至于理化检测样茶，按规定数量拌匀称取。

扦取茶样动作要轻，尽量避免将茶叶抓断导致误差。

四、"开汤"的技术条件

"开汤"是将干茶用热水浸提，分离出茶汤样本（浸提液）和叶底样本（茶渣）的过程，是"湿看"前的样本制备工作。从茶叶感官质量检验的角度看，影响样本制备的技术条件，主要有以下几个方面。

1. 水质 水质对茶汤感官质量的影响极大。尤其是对色、香、味的影响。唐陆羽《茶经》："山水上、江水中、井水下。"

明张大复《梅花草堂笔谈》："茶性必发于水，八分之茶，遇十分之水，茶亦十分矣。八分之水，试十分之茶，茶只八分耳。"许次纾《茶疏》："精茗蕴香，借水而发，无水不可与之论茶也。"

彭乃特和费莱特门试验，证明水中矿物质对茶汤品质有一定影响：

氧化铁：当新鲜水中含有低价铁 0.1 毫克/升时，能使茶汤发暗，滋味变淡，愈多影响愈大。如水中含有高价氧化铁，其影响比低价铁更大。

铝：茶汤中含有 0.1 毫克/升时，似无察觉，含 0.2 毫克/升时，茶汤产生苦味。

钙：茶汤中含有 2 毫克/升，茶汤变坏带涩，含有 4 毫克/升，滋味发苦。

镁：茶汤中含有 2 毫克/升时，茶味变淡。

铅：茶汤中加入少于 0.4 毫克/升时，茶味淡薄而有酸味，超过时产生涩味，如在 1 毫克/升以上时，味涩且有毒。

锰：茶汤中加入 0.1～0.2 毫克/升，产生轻微的苦味，加到 0.3～0.4 毫克/升时，茶味更苦。

铬：茶汤中加入 0.1～0.2 毫克/升时，即产生涩味，超过 0.3 毫克/升时，对品质影响很大，但该元素在天然水中很少发现。

镍：茶汤中加入 0.1 毫克/升时就有金属味，水中一般无镍。

银：茶汤中加入 0.3 毫克/升，即产生金属味，水中一般无银。

锌：茶汤中加入 0.2 毫克/升时，会产生难受的苦味，但水中一般无锌，可能由于锌质自来水管接触而来。

盐类化合物：茶汤中加入 1～4 毫克/升的硫酸盐时，茶味有些淡薄，但影响不大，加到 6 毫克/升时，有点涩味，在自然水源里，硫酸盐是普遍存在的，有时多达 100 毫克/升，如茶汤中加入氯化钠 16 毫克/升，只使茶味略显淡薄，而茶汤中加入亚碳酸盐 16 毫克/升时，似有提高茶味的效果，会使滋味醇厚。

水的硬度影响水的 pH，茶叶汤色对高低很敏感，当 pH 小于 5 时，对红茶汤色影响较小。如超过 5，总的色泽就相应地加深，当茶汤 pH 达到 7 时，茶黄素倾向于自动氧化而损失，茶红素则由于自动氧化而使汤色变暗，以致失去汤味的鲜爽度。用非碳酸盐硬度的水泡茶，并不影响茶汤色泽，这同用蒸馏水泡茶相近，汤色变化甚微，但用碳酸盐硬度的水泡茶，汤色变化很大，钙镁等酸式碳酸盐与酸性茶红素作用形成中性盐，使汤色变暗。所以泡茶用水，pH 在 5 以下，红茶汤色显金黄色，用天然软水或非碳酸盐硬度的水泡茶，能获得同等明亮的汤色。

日本西条了康对水质与煎茶品质关系的研究，水的硬度对煎茶的浸出率有显著影响。硬度 40 度的水浸出液的透过率仅为蒸馏水的 92％，汤色泛黄而淡薄。用蒸馏水沸水溶出的多酚类有 6.3％，而硬度为 30 度的水，多酚类只溶出 4.5％，因为硬水中的钙与多酚类结合起着抑制溶解的作用。同样，与茶味有关的氨基酸及咖啡碱也是水的硬度增高而浸出率降低。可见，硬水冲泡茶叶对浸出的汤色、滋味、香气都是不利的。蒸馏水冲泡茶叶所以比硬水好，因蒸馏水中含有少量空气和二氧化碳外，基本上不含有其他溶解物，这些气体在水煮开后即消失了，而河水，尤其是硬水，一般含矿物质较多，对茶叶品质有不好的影响。

在有自来水的地区，评茶可用自来水。在无自来水地区泉水、溪水、大多数井水，是最好的选择。达不到饮用水标准，要进行净化、软化处理。净化主要是除去水中的悬浮杂质，使水清亮透明；软化是除去水中溶解性的杂质，以改善水质。

2. 煮水　茶汤制备用水的温度应达到沸滚起泡的程度，水温标准是 100℃。沸滚过度的水或不到 100℃ 的开水用来泡茶，都不能达到良好效果。

陆羽《茶经》："其沸，如鱼目、微有声，为一沸，边缘如涌泉连珠，为二沸，腾波鼓浪为三沸，以上水老，不可食也。"宋苏轼有"活水还需活火煎"，"贵从活火发新泉"等传世之句。明许次纾《茶疏》："水一入铫，便需急煮，候有松声，即去盖以消息其老嫩。蟹眼之后，水有微涛，是为当时。大涛鼎沸，施至无声，是为过时，过则汤老而香散，决不堪用。"

煮水应达到沸滚而起泡为度，这样的水冲泡茶叶才能使汤的香味更多的发挥出来，水浸出物也溶解得较多。水沸过久，能使溶解于水中的空气，全被驱逐变为无刺激性。用这种开水泡茶，必将失去像用新沸滚的水所泡茶汤应有的新鲜滋味。如果水没有沸滚而泡茶，则茶叶浸出物不能最大限度的泡出（表9-1）。

表9-1 不同水温对茶叶主要成分泡出量的影响

单位:%

样品	成分	100℃		80℃		60℃	
		含量	相对	含量	相对	含量	相对
特级龙井	水浸出物	16.66	100	13.43	80.61	7.49	44.96
	游离氨基酸	1.81	100	1.53	87.29	1.21	66.85
	多酚类化合物	9.33	100	6.70	71.81	4.31	46.20
一级龙井	水浸出物	21.83	100	19.50	89.33	14.16	64.86
	游离氨基酸	2.20	100	1.97	89.55	1.54	70.00
	多酚类化合物	11.29	100	8.36	74.05	5.59	49.51

3. 浸泡时间 茶叶汤色的深浅明暗和汤味的浓淡爽涩，与茶叶中水浸出物的数量，特别是主要呈味物质的泡出量和泡出率有密切关系。以3克龙井茶用150毫升水冲泡3分钟、5分钟、10分钟，其主要成分泡出量是不同的（表9-2）。

表 9-2　不同冲泡时间对茶叶主要成分泡出的影响

单位：%

化学成分	3分钟		5分钟		10分钟	
	含量	相对	含量	相对	含量	相对
水浸出物	15.07	74.60	17.15	85.39	20.20	100
游离氨基酸	1.53	77.66	1.74	88.32	1.97	100
多酚类化合物	7.54	70.07	8.98	83.46	10.76	100

在 10 分钟内随着冲泡时间的延长，泡出量随之增多。其中游离型氨基酸因浸出较易，3 分钟与 10 分钟浸出量相比出入甚微。多酚类化合物 5 分钟与 10 分钟相比，虽冲泡时间加倍，而浸出量增加不到 1/5（表 9-2）。冲泡 5 分钟以后的浸出物，主要是多酚类化合物残余的涩味较重的酯型儿茶素成分。假定茶叶咖啡碱含量为 2.4%，多酚类含量为 11.0%，则 3 克茶样中，含咖啡碱 0.07 克，多酚类 0.32 克。不同冲泡时间 150 毫升茶汤中咖啡碱和多酚类的含量以及两者的比率见表 9-3。

表 9-3　不同冲泡时间茶汤中主要成分的溶解

单位：克

冲泡时间	1分钟	2分钟	5分钟*	10分钟
咖啡碱	0.027	0.050	0.062	0.067
多酚类	0.089	0.131	0.182	0.294
多酚类/咖啡碱	3.3	2.6	2.9	4.4

注：*为 4 分钟与 6 分钟的平均值。

审评红、绿茶的冲泡时间，国内外一般定为 5 分钟，而名优茶 3 分钟，泡茶时间较适当。

4. 茶水比例　茶水比例对滋味、汤色影响显著。假定用 3 克茶样，水分含量为 3.3%，则干物质为 2.9 克，因用水量不同，水浸出物与茶浓度如表9-4所示。

表9-4　不同用水量对茶叶汤味的影响

用水量	50毫升	100毫升	150毫升	200毫升
水浸出物（%）	27.6	30.6	32.5	34.1
水浸出物（克）	0.80	0.89	0.84	0.99
茶汤滋味	极浓	太浓	正常	淡

　　审评茶叶品质往往多种茶样同时冲泡进行比较和鉴定，用水量必须一致，国际上审评红绿茶，一般采用的比例是3克茶用150毫升水冲泡。如毛茶审评杯容量为250毫升，应称取茶样5克，茶水比例为1∶50。乌龙茶着重香味，并重视冲泡次数，用特制钟形茶瓯审评，其容量为110毫升，投入茶样5克，茶水比例为1∶22。

　　表9-5是引自中国商检总局成品茶检验的紧压茶浸泡方法、用茶量、用水量和煮浸时间，供参考。

表9-5　检验各种紧压茶泡煮时间和用茶用水量

茶　别	泡制方法	样茶（克）	沸水（毫升）	时间（分钟）
湘　尖	冲泡	3	150	7
茯　砖	冲泡	3	150	7
饼　茶	冲泡	3	150	7
六堡茶	冲泡	3	150	7
芽　细	冲泡	3	150	7
金　尖	煮渍	5	250	5
圆　茶	煮渍	5	250	5
康　砖	煮渍	5	250	5
米　砖	煮渍	5	250	5
青　砖	煮渍	5	250	5
花　砖	煮渍	5	250	5
紧　茶	泡或煮	5	150	7

第二节　茶叶质量感官检验

一、感官检验操作程序

茶叶质量感官检验分干看和湿看。"干看"即直接看干茶样本，"湿看"即开汤分离出茶汤样本、（湿）茶渣（叶底）样本，检验"一茶三样"，按外形、香气、汤色、滋味、叶底顺序进行。

1. 把盘　把盘，俗称摇样匾或摇样盘，是检验干茶外形的首要操作步骤。

检验干茶外形，以视觉触觉而鉴定。检验时首先应查对样茶、判别茶类、花色、名称、产地等，然后扦取有代表性的样茶，毛茶需 250～500 克，精茶需 200～250 克。

检验毛茶外形一般是将样茶放入篾制的样匾里，双手持样匾的边沿，运用手势作前后左右的回旋转动，使样匾里的茶叶均匀地按轻重、大小、长短、粗细等不同有次序地分布，然后把均匀分布在样匾里的毛茶通过反转顺转收拢集中成为馒头形，这样摇样匾的"筛"与"收"的动作，使毛茶分出上中下三层次。一般来说，比较粗长轻飘的茶叶浮在表面，叫上段茶，俗称面装茶；细紧重实的集中于中层，叫中段茶，俗称腰档或肚货；体小的碎茶和片末沉积于底层，叫下段茶，俗称下身茶。审评毛茶外形时，对照标准样，先看上段，后看中段，再看下身。看完面上段后，拨开上段茶抓起放在样匾边沿，看中段茶，看后又用手拨在一边，再看下身茶。看三段茶时，根据外形审评各项因子对样茶评比分析确定等级时，要注意各段茶的比重，分析三层茶的品质情况。如面装茶过多，表示粗老茶叶多，身骨差，一般以中段茶多为好，如果下身茶过多，要注意是否属于本茶本末，条形茶或圆炒青如下段茶断碎片末含量多，表明做工、品质有问题。此外，审评各类毛茶外形时，还应手抓一把干茶嗅干香及手测水分含量。

审评精茶外形一般是将样茶倒入木质审评盘中，双手拿住审评盘的对角边沿，一手要拿住样盘的倒茶小缺口，同样用回旋筛转的方法使盘中茶叶分出上中下三层。一般先看上段和下身，然后看中段茶。看中段茶时将筛转好的精茶轻轻地抓一把到手里，再翻转手掌看中段茶品质情况，并权衡身骨轻重。看精茶外形的一般要求，对样评比上、中、下三档茶叶的拼配比例是否恰当和相符，是否平伏匀齐不脱档。看红碎茶虽不能严格分出上、中、下三段茶，但样茶盘筛转后要对样评比粗细度、匀齐度和净度。同时抓一撮茶在盘中散开，使颗粒型碎茶的重实度和匀净度更容易区别。审评精茶外形时，各盘样茶容量应大体一致，便于评比。

2. 开汤 开汤，俗称泡茶或沏茶，为湿评内质重要方法。开汤前应先将审评杯碗洗净擦干按号码次序排列在湿评台上。一般称取样茶3克投入审评杯内（毛茶如用200毫升容量的审评杯则称取样茶4克），杯盖应放入审评碗内，然后以沸滚适度的开水以慢快慢的速度冲泡满杯，泡水量应齐杯口一致。冲泡时第一杯起即应记时，并从低级茶泡起，随泡随加杯盖，盖孔朝向杯柄，5分钟时按冲泡次序将杯内茶汤滤入审评碗内，倒茶汤时，杯应卧搁在碗口上，杯中残余茶汁应完全滤尽。开汤后应先嗅香气，快看汤色，再尝滋味，后评叶底，审评绿茶有时应先看汤色。

3. 嗅香气 香气是依靠嗅觉而辨别。鉴评茶叶香气是通过泡茶使其内含芳香物质得到挥发，挥发性物质的气流刺激鼻腔内嗅觉神经，出现不同类型不同程度的茶香。

嗅香气应一手拿住已倒出茶汤的审评杯，另一手半揭开杯盖，靠近杯沿用鼻轻嗅或深嗅。为了正确判别香气的类型、高低和长短，嗅时应重复一两次，但每次嗅的时间不宜太久，因嗅觉易疲劳，嗅香过久，嗅觉失去灵敏感，一般是 3 秒左右。每次嗅评时都将杯内叶底抖动翻个身，在未评定香气前，杯盖不得打开。

嗅香气应以热嗅、温嗅、冷嗅相结合进行。热嗅重点是辨别香气正常与否及香气类型及高低，但因茶汤刚倒出来，杯中蒸汽分子运动很强烈，嗅觉神经受到烫的刺激，敏感性受到一定的影响。因此，辨别香气的优次，还是以温嗅为宜，准确性较大。冷嗅主要是了解茶叶香气的持久程度，审评茶叶香气最适合的叶底温度是 55℃左右。超过 65℃时感到烫鼻，低于 30℃时茶香低沉，特别对染有烟气木气等异气茶随热气而挥发。凡一次审评若干杯茶叶香气时，为了区别各杯茶的香气，嗅评后分出香气的高低，把审评杯作前后移动，一般将香气好的往前推，次的往后摆，此项操作称为香气排队。审评香气时还应避免外界因素的干扰，如抽烟、擦香脂、香皂洗手等都会影响鉴别香气的准确性。

4. 看汤色　汤色靠视觉审评。茶叶开汤后，茶叶内含成分溶解在沸水中的溶液所呈现的色彩，称为汤色，又称水色，俗称汤门或水碗。审评汤色要及时，因茶汤中的成分和空气接触后很容易发生变化，所以有的把评汤色放在嗅香气之前。汤色易受光线强弱、茶碗规格、容量多少、排列位置、沉淀物多少、冲泡时间长短等各种外因的影响。冬季评茶，汤色随汤温下降逐渐变深；若在相同的温度和时间内，红茶色变大于绿茶，大叶种大于小叶种，嫩茶大于老茶，新茶大于陈茶。如果各碗茶汤水平不一，应加调整。如茶汤混入茶渣残叶，应以网丝匙捞出，用茶匙在碗里打一圆圈，使沉淀物旋集于碗中央，然后开始评茶，按汤色性质及深浅、明暗、清浊等评比优次。

5. 尝滋味　滋味是由味觉器官来区别的。茶叶是一种风味饮料，不同茶类或同一茶类而产地不同都各有独特的风味或味感特征，良好的味感是构成茶叶质量的重要因素之一。茶叶不同味感是因茶叶的呈味物质的数量与组成比例不同而异。味感有甜、酸、苦、辣、鲜、涩、咸及金属味等。

检验滋味应在评汤色后立即进行，茶汤温度要适宜，一般以50℃左右较合评味要求。用瓷质汤匙从审评碗中取一浅匙吮入口内，由于舌的不同部位对滋味的感觉不同，茶汤入口在舌头上循环滚动，才能正确地较全面地辨别滋味。尝味后的茶汤一般不宜咽下，尝第二碗时，匙中残留茶液应倒尽或在白开水中漂净。审评滋味主要按浓淡、强弱、鲜滞及纯异等评定优次。在口里尝到的香味是茶叶香气优良的表现。为了正确评味，在审评前不吃有强烈刺激味觉的食物，如辣椒、葱蒜、糖果等，并不宜吸烟，以保持味觉和嗅觉的灵敏度。

6. 评叶底　评叶底主要靠视觉和触觉来判别，根据叶底的老嫩、匀杂、整碎、色泽和开展与否等来评定优次，同时还应注意有无其他掺杂。

评叶底是将杯中冲泡过的茶叶倒入叶底盘或放入审评盖的反面，也有放入白色搪瓷漂盘里，倒时要注意把细碎粘在杯壁杯底和杯盖的茶叶倒干净，用叶底盘或杯盖的先将叶张拌匀、铺开、掀平，观察其嫩度、匀度和色泽的优次。如感到不够明显时，可在盘里加茶汤掀平，再将茶汤徐徐倒出，使叶底平铺看或翻转看，或将叶底盘反扑倒在桌面上观察。用漂盘看则加清水漂叶，使叶张漂在水中观察分析。评叶底时，要充分发挥眼睛和手指的作用，手指按掀叶底的软硬、厚薄等。再看芽头和嫩叶含量、叶张卷摊、光糙、色泽及均匀度等区别好坏。

茶叶品质审评一般通过上述干茶外形和汤色、香气、滋味、叶底五个项目的综合观察。其一项目不能单独反映出整体品质，各个项目又有密切的相关性。因此综合审评结果时，每个审评项目之间，应做仔细的比较，然后再下结论。对于不相上下或有疑难的茶样，有时应冲泡双杯审评，取得正确评比结果。

二、茶叶感官检验项目和因子

茶叶审评项目一般分为外形、汤色、香气、滋味和叶底。我国因茶类众多，不同茶类有所不同。在国外，生产的茶叶只有红茶、绿茶两类，项目大同小异。如日本分外形、汤色、香气、滋味四个项目。印度的外形项目分形状、色泽、净度、身骨四项因子，内质分茶汤和叶底两个项目。评茶汤包括看汤色、评滋味。评叶底包括嗅叶底香气和评叶底色泽。英国和斯里兰卡等国家的红茶分外形、茶汤、叶底三个项目。外形又分色泽、匀度、紧结度及含毫量等因子，茶汤又分特质、汤色、浓度、刺激性及香气等因子，叶底又分嗅叶底香气和叶底色泽二个因子。前苏联分外形、内质五个项目。外形项目包括色泽、匀度、同一品质度、粗细度及松紧度五个审评因子，内质包括香气、滋味、汤色及叶底色泽四个项目，审评时以香气为主。

确定茶叶品质高低，一般分干评外形和湿评内质。红、绿、毛茶外形分松紧、老嫩、整碎、净杂四项因子，有的分条索、色泽、整碎、净度或分嫩度、条索、色泽、整碎、净度五个因子，结合嗅干茶香气，手测毛茶水分。红、绿成品茶外形审评因子与毛茶相同。内质审评包括香气、汤色、滋味、味底四个项目。这样外形、内质共五个项目（习惯上又称八项因子）。必须内外干湿兼评，深入了解各个审评因子的内容，熟练地掌握方法，进行细致的综合分析、比较，以求得正确结果。

1. 外形检验　毛茶外形检验对鉴别品质高低起重要作用，现根据外形各项因子的内容分述下：

（1）嫩度。是决定茶叶品质的基本条件，是外形的重要因子。一般说来，嫩叶中可溶性物质含量高，饮用价值也高，又因叶质柔软，叶肉肥厚，有利于初制中成条和造型，故条索紧结重实，芽毫显露，完整饱满，外形美观。而嫩度差的则不然。检验时应注意一定嫩度的茶叶，具有相应符合该茶类规格的条索，同时一定的条索也必然具有相应的嫩度。当然，由于茶类不同，对外形的要求不尽相同，因而对嫩度和采摘标准的要求也不同。例如：青茶和黑茶要求采摘具有一定成熟度的新梢，安徽的六安瓜片也是采摘成熟新梢，然后再经扳片，将嫩叶、老叶分开炒制。所以，茶叶嫩度应因茶而异，在普遍性中注意特殊性，对该茶类各级标准样的嫩度要求进行详细分析，并探讨该因子检验的具体内容与方法。嫩度主要看芽叶比例与叶质老嫩，有无锋苗和毫毛及条索的光糙度。

第一，嫩度好。指芽及嫩叶比例大，含量多。要以整盘茶去比，不能单从个数去比，因为同时芽与嫩叶，仍有厚薄、长短、大小之别。凡是芽及嫩叶比例相近，芽壮身骨重，叶质厚实的品质好。所以采摘时要老嫩匀齐，制成毛茶外形才整齐，而老嫩不匀的芽叶初制时难以掌握，且老叶身骨轻，外形不匀整，品质就差。

第二，锋苗。指芽叶紧卷做成条的锐度。条索紧结、芽头完整锋利并显露，表明嫩度好，制工好。嫩度差的，制工虽好，条索完整，但不锐无锋，品质就次。如初制不当造成断头缺苗，则另当别论。芽上有毫又称茸毛，茸毛多、长而粗的好。一般炒青绿茶看芽苗，烘青看芽毫，条形红茶看芽头。因炒青绿茶在炒制中茸毛多脱落，不易见毫，而烘制的茶叶茸毛保留多，芽毫显而易见。但有些采摘细嫩的名茶，虽经炒制，因手势轻，芽毫仍显露。芽的多少，毫的疏密，常因品种、茶季、茶类、加工方式不同而不同。同样嫩度的茶叶，春茶显毫，夏秋茶次之；高山茶显毫，平地茶次之；人工揉捻显毫，机揉次之；烘青比炒青显毫；工夫红茶比炒青绿茶显毫。

第三，光糙度。嫩叶细胞组织柔软且果胶质多，容易揉成条，条索光滑平伏。而老叶质地硬，条索不易揉紧，表面凸凹起皱，干茶外形较粗糙。

（2）条索。叶片卷转成条成为"条索"。各类茶应具有一定的外形规格，这是区别商品茶种类和等级的依据。外形呈条状的有炒青、烘青、条茶、长条形红茶、青茶等。条形茶的条索的要求紧直有锋苗，除烘青条索允许略带扁状外，都以松扁、曲碎的差，青茶条索紧卷结实，略带扭曲。其他不成条索的茶叶称为"条形"，如龙井、旗枪是扁条，以扁平、光滑、尖削、挺直、匀齐的好；粗糙、短钝和带浑条的差。但珠茶要求颗粒圆结的好，呈条索的不好。黑毛茶条索要求皱折较紧，无敞叶的好。

第一，长条形茶的条索比松紧、弯直、壮瘦、圆扁、轻重。

松紧。条细空隙度小，体积小，条紧为好。条粗空隙度大，体积粗大，条松为差。

弯直。条索圆浑、紧直的好，弯曲、钩曲为差。可将茶样盘筛转，看茶叶平伏程度，不翘的叫直，反之则弯。

壮瘦。芽叶肥壮、叶肉厚的鲜叶有效成分含量多，制成的茶叶条索紧结壮实、身骨重、品质好。反之瘦薄为次。

圆扁。指长度比宽度大若干倍的条形其横切面近圆形的称为"圆"，如炒青绿茶的条索要圆浑，圆而带扁的为次。

轻重。指身骨轻重。嫩度好的茶，叶肉肥厚条紧结而沉重；嫩度差，叶张薄，条粗松而轻飘。

第二，扁形茶的条形比规格、糙滑。

规格。龙井茶条形扁平，平整挺直，尖削似碗钉形。大方茶条形扁直，稍厚，较宽长且有较多棱角。

糙滑。条形表面平整光滑，茶在盘中筛转流利而不钩结的称光滑，反之则糙。

第三，圆珠形茶比颗粒的松紧、匀正、轻重、空实。

松紧。芽叶卷结成颗粒，粒小紧实而完整的称"圆紧"，反之颗粒粗大谓之"松"。

匀正。指匀齐的各段茶的品质符合要求，拼配适当。

轻重。颗粒紧实，叶质肥厚，身骨重的称为重实；叶质粗老，扁薄而轻飘的谓之轻飘。

空实。颗粒圆整而紧实称之实，与重实含义相同。圆粒粗大或朴块状身骨轻的谓之空。

虽同是圆形茶尚有差别，如珠茶是圆珠形，而涌溪火青和泉岗辉白茶是腰圆形，贡熙是圆形或团块状并有切口或称破口。

（3）色泽。干茶色泽主要从色度和光泽度两方面去看。色度即指茶叶的颜色及色的深浅程度，光泽度指茶叶接受外来光线后，一部分光线被吸收，一部分光线被反射出来，形成茶叶色面的亮暗程度。各类茶叶均有其一定的色泽要求，如红茶以乌黑油润为好，黑褐、红褐次之，棕红更次；绿茶以翠绿、深绿光润的好，绿中带黄者次；青茶则以青褐光润的好，黄绿、枯暗者次；黑毛茶以油黑色为好，黄绿色或铁板色都差。干茶的色度比颜色的深浅，光泽度可从润枯、鲜暗、匀杂等方面去评比。

第一，深浅。首先看色泽是否符合该茶类应有的色泽要求，正常的干茶，原料细嫩的高级茶，颜色深，随着级别下降，颜色渐浅。

第二，润枯。"润"表示茶叶色面油润光滑，反光强。一般可反映鲜叶嫩而新鲜，加工及时合理，是品质好的标志。"枯"是有色而无光泽或光泽差，表示鲜叶老或制工不当，茶叶品质差，劣变茶或陈茶的色泽枯且暗。

第三，鲜暗。"鲜"为色泽鲜艳、鲜活，给人以新鲜感，表示成品新鲜度。初制及时合理，为新茶所具有的色泽。"暗"表现为茶色深且无光泽，一般为鲜叶粗老，贮运不当，初制不当或茶叶陈化等所致，紫芽种鲜叶制成的绿茶，色泽带黑发暗，过度深绿的鲜叶制成的红茶，色泽常呈现青暗或乌暗。

第四，匀杂。"匀"表示色调和一致。色不一致，茶中多黄片、青条、筋梗、焦片末等谓之杂。

（4）整碎。指外形的匀整程度。毛茶基本上要求保持茶业的自然形态，完整的为好，断碎的为差。精茶的整碎主要评比各孔茶的拼配比例是否恰当，要求筛档匀称不脱档，面张茶平伏，下盘茶含量不超标，上、中、下三段茶互相衔接。

（5）净度。指茶叶中含夹杂物的程度。不含夹杂物的净度好，反之则净度差。茶叶夹杂物有茶类夹杂物和非茶类夹杂物之分。茶类夹杂物指茶梗、茶籽、茶朴、茶末、毛衣等，非茶类夹杂物指采、制、存、运中混入的杂物，如竹屑、杂草、泥沙、棕毛等。

茶叶是供人们饮用的食品，要求符合卫生规定，对非茶类夹杂物或严重影响品质的杂质，必须拣剔干净，禁止混入茶中。对于茶梗、籽、朴等，应根据含量多少来评定品质优劣。

2. 内质检验　内质检验汤色、香气、滋味、叶底四个项目，将杯中冲泡出来的茶汤倒入审评碗，茶汤处理好后，先嗅杯中香气，后看碗中汤色（绿茶汤色易变，宜先看汤色后嗅香气），再尝滋味，最后察看叶底。

（1）**汤色**。指茶叶冲泡后溶解在热水中的溶液所呈现的色泽。汤色检验要快，因为溶于热水中的多酚类物质与空气接触后很易氧化变色，使绿茶汤色变黄变深，青茶汤色变红，红茶汤色变暗，尤以绿茶变化更快。故绿茶宜先看汤色，即使其他茶类，在嗅香前也宜先快看一遍汤色，做到心中有数，并在嗅香时，把汤色结合起来看。尤其在严寒的冬季，避免嗅了香气，茶汤已冷或变色。汤色主要从色度、亮度和清浊度三方面去评比。

第一，色度。指茶汤颜色。茶汤汤色除与茶树品种和鲜叶老嫩有关外，主要是制法不同，使各类茶具有不同颜色的汤色。比较时，主要从正常色、劣变色和陈变色三方面去看。

正常色。即一个地区的鲜叶在正常采制条件下制成的茶，冲泡后所呈现的汤色。如绿茶绿汤，绿中呈黄；红茶红汤，红艳明亮；青茶橙黄明亮；白茶浅黄明净；黄茶黄汤；黑茶橙黄浅明等。在正常的汤色中由于加工精细程度不同，虽属正常色，尚有优次之分，故在正常汤色应进一步区别其浓淡和深浅。通常色深而亮，表明汤浓物质丰富，浅而明是汤淡物质不丰富。至于汤色的深浅，只能是同类同地区的作比较。

劣变色。由于鲜叶采运、摊放或初制不当等造成变质，汤色不正。如鲜叶处理不当，制成绿茶轻则汤黄，重则变红；绿茶干燥炒焦，汤黄浊；红茶发酵过度，汤深暗等。

陈变色。陈化是茶叶特性之一，在通常条件下贮存，随时间延长，陈化程度加深。如果初制时各工序不能持续，杀青后不及时揉捻，揉捻后不及时干燥，会使新茶制成陈茶色。绿茶的新茶汤色绿而鲜明，陈茶则灰黄或昏暗。

第二，亮度。指亮暗程度。亮表明射入汤碗的光线被吸收的少，反射出来的多，暗则相反，凡茶汤亮度好的品质亦好。茶汤能一眼见底的为明亮，如绿茶看碗底反光强就明亮，红茶还可看汤面沿碗边的金黄色的圈（称金圈）的颜色和厚度，光圈的颜色正常，鲜明而厚的亮度好；光圈颜色不正且暗而窄的，亮度差，品质亦差。

第三，清浊度。指茶汤清澈或混浊程度。清指汤色纯净透明，无混杂，清澈见底。浊与混或浑含义相同，指汤不清，视线不易透过汤层，汤中有沉淀物或细小悬浮物。劣变或陈变产生的酸、馊、霉、陈的茶汤，混浊不清。杀青炒焦的叶片，干燥时烘或炒焦的碎片，冲泡后进入汤中产生沉淀，都能使茶汤混而不清。但在浑汤中有两种情况要区别对待，其一是红茶汤的"冷后浑"或称"乳凝现象"，这是咖啡碱与多酚类物质氧化产物茶黄素及茶红素间形成的综合物，它溶于热水，而不溶于冷水，茶汤冷却后即可析出而产生"冷后浑"，这是红茶品质好的表现。还有一种现象是鲜叶细嫩多毫，如高级碧螺春，都匀毛尖等，茶汤中茸毛多，悬浮于汤中，这也是品质好的表现。

（2）香气。香气是茶叶冲泡后随水蒸气挥发出来的气味。茶叶的香气受茶树品种和产地、季节、采制方法等因素影响，使得各类茶具有独特的香气风格，如红茶的甜香，绿茶的清香，青茶的花果香等。就是同一类茶，也有地域性香气特点。检验香气除辨别香型外，主要比较香气的纯异、高低和长短。

第一，纯异。纯指某茶应有的香气，异指茶香中夹杂有其他异味。香气纯要区别三种情况，即茶类香、地域香和附加香。茶类香指某茶类应有的香气，如绿茶要清香，黄大茶要有锅巴香，黑茶和小种红茶要松烟香，青茶要带花香或果香，白茶要有毫香，红茶要有甜香等。在茶类香中又要注意区别产地香和季节香。产地香即高山、低山、洲地之区别，一般高山茶高于低山茶。季节香即不同季节香气之区别，我国红绿茶一般是春茶香高于夏秋茶，秋茶香气又比夏茶好，大叶种红茶香气则是夏秋茶比春茶好。地域香即地方特有香气，如同是炒青绿茶的嫩香、兰花香、熟板栗香等。同是红茶有蜜香、橘糖香、果香和玫瑰花香等地域性香气。附加香是指外源添加的香气，如以茶用香花茉莉花、珠兰花、白兰花、桂花等窨制的花茶，不仅具有茶叶香，而且还引入花香。

异气指茶香不纯或沾染了外来气味，轻的尚能嗅到茶香，重的则以异气为主。香气不纯如烟焦、酸馊、陈霉、日晒、水闷、青草气等，还有鱼腥气、木气、油气、药气等。但传统黑茶及烟小种均要求具有松烟香气。

第二，高低。香气高低可以从以下几方面来区别，即浓、鲜、清、纯、平、粗。所谓浓指香气高，入鼻充沛有活力，刺激性强。鲜犹如呼吸新鲜空气，有醒神的爽快感。清则清爽新鲜之感，其刺激性不强。纯指香气一般，无粗杂异味。平指香气平淡但无异杂气味。粗则感觉有老叶粗辛气。

第三，长短。即香气的持久程度。从热嗅到冷嗅都能嗅到香气表明长，反之则短。香气以高而长、鲜爽馥郁的好，高而短次之，低而粗为差。凡有烟、焦、酸、馊、霉、陈及其他异气的为低劣。

（3）滋味。滋味是评茶人的口感反应。茶叶是饮料，其饮用价值取决于滋味的好坏。检验滋味先要区别是否纯正，纯正的滋味可区别其浓淡、强弱、鲜、爽、醇、和。不纯的可区别其苦、涩、粗、异。

第一，纯正。指品质正常的茶应有的滋味。浓淡：浓指浸出的内含物丰富，有黏厚的感觉；淡则相反，内含物少，淡薄无味。

强弱：强指茶汤呋入口中感到刺激性或收敛性强，吐出茶汤时间内味感增强；弱则相反，入口刺激性弱，吐出茶汤口中味平淡。

鲜爽：鲜似食新鲜水果感觉，爽指爽口。

醇与和：醇表示茶味尚浓，回味也爽，但刺激性欠强；和表示茶味平淡正常。

第二，不纯正。指滋味不正或变异，有异味。其中苦味是茶汤滋味的特点，对苦味不能一概而论，应加以区别：如茶汤入口先微苦后回甘，这是好茶；先微苦后不苦也不甜者次之；先微苦后也苦又次之；先苦后更苦者最差。后两种味觉反映属苦味。

涩：似食生柿，有麻嘴、厚唇、紧舌之感。涩味轻重可从刺激的部位来区别，涩味轻的在舌面两侧有感觉，重一点的整个舌面有麻木感。一般茶汤的涩味，最重的也只在口腔和舌面有反映，先有涩感后不涩的属于茶汤味的特点，不属于味涩，吐出茶汤仍有涩味才属涩味。涩味一方面表示品质老杂，另一方面是季节茶的标志。

粗：粗老茶汤味在舌面感觉粗糙。异：属不正常滋味，如酸、馊、霉、焦味等。

茶汤滋味与香气关系相密切。凡能嗅到的各种香气，如花香、熟板栗香、青气、烟焦气味等，往往在评滋味时也能感受到。一般说香气好，滋味也是好的。香气、滋味鉴别有困难时可以互相辅证。

（4）叶底。即冲泡后剩下的茶渣。干茶冲泡时吸水膨胀，芽叶摊展，叶质老嫩、色泽、匀度及鲜叶加工合理与否，均可在叶底中暴露。看叶底主要依靠视觉和触觉，检验叶底的嫩度、色泽和匀度。

第一，嫩度。以芽及嫩叶含量比例和叶质老嫩来衡量。芽以含量多、粗而长的好，细而短的差。但应视品种和茶类要求不同而有所区别，如碧螺春细嫩多芽，其芽细而短、茸毛多。病芽和驻芽都不好。叶质老嫩可从软硬度和有无弹性来区别：手指掀压叶底柔软，放手后不松起的嫩度好；质硬有弹性，放手后松起表示粗老。叶脉隆起触手的老，不隆起平滑不触手的嫩。叶边缘锯齿状明显的老，反之为嫩。叶肉厚软的为嫩，软薄者次之，硬薄者为差。叶的大小与老嫩无关，因为大的叶片嫩度好也是常见的。

第二，色泽。主要看色度和亮度，其含义与干茶色泽相同。审评时掌握本茶类应有的色泽和当年新茶的正常色泽。如绿茶叶底以嫩绿、黄绿、翠绿明亮者为优；深绿较差；暗绿带青张或红梗红叶者次；青蓝叶底为紫色芽叶制成，在绿茶中认为品质差。红茶叶底以红艳、红亮为优；红暗、乌暗花杂者差。

第三，匀度。主要从老嫩、大小、厚薄、色泽和整碎去看。上述因子都较接近，一致匀称的为匀度好，反之则差。匀度与采制技术有关。匀度是评定叶底品质的辅助因子，匀度好不等于嫩度好，不匀也不等于鲜叶老。粗老鲜叶制工好，也能使叶底匀称一致。匀与不匀主要看芽叶组成和鲜叶加工合理与否。

检验叶底时还应注意看叶张舒展情况，是否掺杂等。因为干燥温度过高会使叶底缩紧，泡不开不散条的为差，叶底完全摊开也不好，好的叶底应具备亮、嫩、厚、稍卷等几个或全部因子。次的为暗、老、薄、摊等几个或全部因子，有焦片、焦叶的更次，变质叶、烂叶为劣变茶。

第三节　茶叶优质产品评比的若干问题

茶叶优质产品评比，按评比目的，可划分为咨询性评比、竞争性评比、检查性评比；按样品形成方法，可划分为送样评比、抽样评比；按组织单位的层次级别，可划分为企业内部评比、地方性（县级、地区级、省级）评比、全国性评比；按开发程序，可划分为样品评比、产品评比、商品评比。还有其他划分方法，这里不一一列举。

目前我国茶叶优质产品评比，多属竞争性送样评比，有县级、地区级、省级、全国多层次的评比筛选，优中择优。

为了提高竞争力，送样多以"嫩采细制""精中选精"，所以参加评比的样茶多属"精品""极品""绝品"，名优茶评比会好像茶叶"精品""极品""绝品"大展览，质量稍有逊色，势必名落孙山。而这种质量水平的产品产量甚少，能进入茶叶市场的更是微乎其微，广大茶叶消费者，更难以欣赏到它们的色、香、味、形。优质产品评比与市场营销脱节，优质产品评比目的性模糊不清。

我们的看法是送样评比用于以咨询为目的的评比尚可，竞争性评比有必要采用抽样方法，以提高样品的代表性、竞争的公正性，评比结果的可信度。目前的评比方法有进一步完善的必要。具体地说，有下面几个值得讨论的问题。

1. 评优的目的要明确　评优是为了鼓励茶叶企业提高产品质量，多生产优质茶，适应国内外市场需要。评优作为宏观质量管理的内容和手段，应有利于标准、计量、测试技术进步，有利于质量管理体系的建立，有利于市场经济发展，鼓励竞争，保护优质。只有明确评优目的，才能保证评优有正确的导向，才能完善评优办法。

2. 评"优"和评"名"要分开 目前我国名优茶评比中，通常把品质最优者评为名茶，优良者评为优质茶，甚至规定名茶占参评样的百分比。这样名茶和优质茶，名优茶和非名优茶的质量水平没有统一的相对稳定的标准，难以定界划分，导致评比活动中种种人为矛盾。笔者认为，茶叶评优活动必须以国家按经委颁发的优质产品奖励条例为准，统称"茶叶优质产品评比"，并按条例制定具体的茶叶优质产品获奖条件，组织企业申请，评选鉴定，核报审批。在社会主义市场经济条件下，名茶要在茶叶市场竞争中产生，可以组织企业参加茶叶"驰名商标"评选，让消费者直接参评，评上"驰名商标"的，才是名茶。

3. 组织行业评比，防止"优"出多门 鉴于目前我国茶叶产销管理业务分属农业、商业、外贸等多部门。国优、省优评比应在全行业范围内进行，防止"优"出多门，形成人为矛盾。部门内部的优质产品评比，一般属于咨询性的范畴，主要是帮助企业寻找质量差距，改进工艺技术，开展质量管理，促进名优茶产品开发和名优茶生产企业的形成。

4. 分类评优可比性较好 茶叶优质产品应包括各类茶叶中的优质茶和大宗茶中具备"优质"特性的品级。由于社会消费需求是多层次的，消费利益是多元化的，优质产品也应有相应的档次。我们认为，以鲜叶嫩度1芽1叶开展到1芽2叶初展为中档，制定一个甲类、乙类、丙类名优茶的划分标准（按鲜叶机械组成划分，对乌龙茶不适用，对绿茶也不一定很合适，但可操作性较好。可以试用）。分类评优，可比性较好。同时可以防止把优质产品评比演化为芽型茶评比。大宗茶仍按产品标准，分级评优。

5. 参加评优的资格条件 为了发展社会主义市场经济，茶叶优质产品评比应该是已正式投产的有批量的已进入市场的商品差评比。处于开发过程的样品、试制品不能参加评比；没有通过新产品鉴定的不能参加评比；没有一定生产量在该产品定位市场无货供应的不能参加评比；没有生产经营企业和没有商标品牌的不能参加评比；没有产品标准及有关技术文件的不能参加评比。要按照有利于发展茶叶市场经济的原则，制定参评资格条件，不让与茶叶市场没有关系的所谓"名优茶"进入"优质产品圈"。至于咨询性评比，当然不受上述限制。

6. "优质"要有统一的标准 制定一个统一的"优质"标准，参加评比的产品只要符合参评资格条件，又达到"优质标准"，就要承认它是优质产品，再从优中择优，授予"金奖"、"银奖"，优质产品有多少，评多少，是通过性的，金奖、银奖不能滥发，是竞争性的。现在有些评优活动，内定一个淘汰率，把一些达到优质水平的产品，拒之于门外，挫伤了生产企业的创优积极性。

7. 评优要科学化、规范化 科学的质量检验方法，训练有素的质量检验人员，规范有序的评优原则和评优组织机构，对于评判结果的正确性，评选活动的公正性和权威性，推动评优创优活动健康发展，具有重要的作用，应在总结过去工作经验的基础上逐步完善。

8. 评优创优与质量监督相结合 评优与监优结合起来，以加强优质产品的宏观质量管理和保护声誉。由于企业行为短期化的弊端，某些评上优质产品的生产企业，重利忘义，打着优质产品的招牌，"偷工减料"，损害消费者利益，以牟取非法利润。某些多次评为优质产品的知名度颇高的名优茶在茶叶柜台上就面貌全非了。这种虚名欺骗顾客的现象，在市场经济条件下，屡见不鲜。问题是要强化对生产优质茶企业的质量监督。一种优质产品问世，冒名者接踵而至，"打假保优"，是质量监督另一方面的任务，以"保驾"优质产品生产企业茁壮成长。

后　记

改革开放以来的 40 年，中国茶产业不断发展。2017年全国茶园面积达 4 700 万亩，茶叶产量 267 万吨，均位列世界第一，目前呈现出绿、黄、黑、青（乌龙）、白、红六大茶类百花齐放的大好局面。

茶科技为茶产业发展服务，重视科技种茶制茶，以提高劳动生产率、土地利用率，改善茶区生态环境，提升茶叶质量，优化品牌知名度，弘扬与传播中国渊源茶文化，是广大茶人共同的期望。

本书以《茶学知识读本》（中国农业出版社，2011年版）基本内容为基础，经调整篇幅、添新删旧之后，与读者见面的。上篇《茶树栽培和茶树品种》由王镇恒执笔，下篇《茶叶制造和茶叶检验》由詹罗九执笔。在付梓前，蒙中国农业出版社资深编审穆祥桐先生提出全书调整方案，由孙鸣凤编辑精心策划、编辑加工，谨此致谢。

　　由于詹罗九教授逝世，全书的校正工作是我完成的，因水平有限，如有错漏之处，还望读者指正。

王镇恒

2018 年 12 月 28 日

图书在版编目（CIP）数据

种茶制茶一本通 / 王镇恒，詹罗九编著 . —北京：
中国农业出版社，2018.3（2019.1 重印）
 ISBN 978-7-109-24004-9

 Ⅰ.①种… Ⅱ.①王… ②詹… Ⅲ.①茶叶—栽培技
术—普及读物②茶叶加工—普及读物 Ⅳ.①S571.1-49
②TS272.4-49

中国版本图书馆 CIP 数据核字（2018）第 051742 号

中国农业出版社出版
（北京市朝阳区麦子店街 18 号楼）
（邮政编码 100125）
责任编辑 孙鸣凤

北京通州皇家印刷厂印刷 新华书店北京发行所发行
2018 年 3 月第 1 版 2019 年 1 月北京第 5 次印刷

开本：880mm×1230mm 1/32 印张：5.875
字数：140 千字
定价：28.00 元
（凡本版图书出现印刷、装订错误，请向出版社发行部调换）